智能电网技术与应用研究

李含霜　贾卫华　宁日红　著

中国财富出版社

图书在版编目(CIP)数据

智能电网技术与应用研究／李含霜，贾卫华，宁日红著．—北京：中国财富出版社，2019.10

ISBN 978-7-5047-7021-9

Ⅰ．①智… Ⅱ．①李… ②贾… ③宁… Ⅲ．①智能控制－电网 Ⅳ．①TM76

中国版本图书馆CIP数据核字(2019)第224937号

策划编辑	谷秀莉	**责任编辑**	田　超　马欣岳	**版权编辑**	李　洋
责任印制	梁　凡	**责任校对**	卓闪闪	**责任发行**	杨　江

出版发行	中国财富出版社		
社　　址	北京市丰台区南四环西路188号5区20楼	**邮政编码**	100070
电　　话	010-52227588转2098(发行部)		010-52227588转321(总编室)
传　　真	010-52227566(24小时读者服务)		010-52227588转305(质检部)
网　　址	http://www.cfpress.com.cn	**排　　版**	中图时代
经　　销	新华书店	**印　　刷**	廊坊市海涛印刷有限公司
书　　号	ISBN 978-7-5047-7021-9/TM·0003		
开　　本	710 mm×1000 mm　1/16	**版　　次**	2024年7月第1版
印　　张	8.75	**印　　次**	2024年7月第1次印刷
字　　数	112千字	**定　　价**	48.00元

前　言

进入21世纪以来，随着世界经济的发展，能源需求量持续增长，环境保护问题日益严峻，调整和优化能源结构，应对全球气候变化，实现可持续发展，成为人类社会普遍关注的焦点，更成为电力工业转型发展的核心驱动力。在此背景下，智能电网成为全球电力工业应对未来挑战的共同选择。

本书主要内容包括智能电网的基本概念、智能输配用电、智能电网的信息化、智能电网与清洁能源发电。

本书编写过程中，参考了很多专家的资料，在此深表感谢。由于时间仓促，书中难免有不足之处，敬请读者批评指正。

作　者

2019年6月

目　录

第一章　智能电网的基本概念

电网是电力网的简称，通常指联系发电与用电，由输电、变电、配电设备及相应的二次系统等组成的统一整体。目前，现代电网是世界上结构最复杂、规模最庞大的人造系统和能量输送网络。

第一节　智能电网的概念

一、智能电网的理念和驱动力

智能电网是将先进的传感测量技术、信息通信技术、分析决策技术、自动控制技术、能源电力技术与电网基础设施高度集成的新型现代化电网。解决能源安全与环保问题，应对气候变化，是发展智能电网的核心驱动力。

二、“坚强智能电网”的概念

在北京召开的“2009 特高压输电技术国际会议”上，国家电网有限公司首次公开提出具有中国特色的“坚强智能电网”概念。

“坚强智能电网”是以特高压电网为骨干网架，以各级电网协调发展的坚强网架为基础，以信息通信平台为支撑，具有信息化、自动化、互动化特征，包含电力系统各个环节，覆盖所有电压等级，“电力流、信息流、业务流”高度一体化融合的现代电网。

“坚强”与“智能”是现代电网的两个基本发展要求。“坚强”是基础，“智能”是关键，强调坚强网架与电网智能化的有机统一，是以整体性、系统性的方法来客观描述现代电网发展的基本特征。

三、“坚强智能电网”技术体系

“坚强智能电网”的技术体系包括电网基础体系、技术支撑体系、智能应用体系和标准规范体系。

电网基础体系是电网的物质载体，是实现“坚强”的重要基础；技术支撑体系是指先进的通信、信息、控制等应用技术，是实现“智能”的基础；智能应用体系是保障电网安全、经济、高效运行，最大效率地利用能源和社会资源，为用户提供增值服务的具体体现；标准规范体系是指技术、管理方面的标准、规范，以及试验、认证、评估体系，是建设“坚强智能电网”的制度保障。

“坚强智能电网”的基本架构如图 1–1 所示。

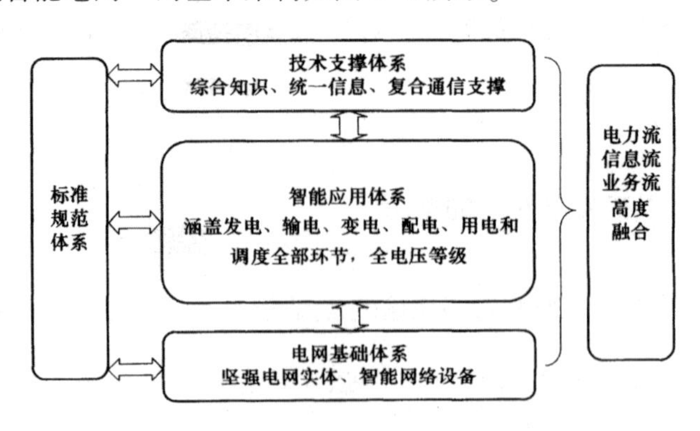

图 1–1　“坚强智能电网”的基本架构

四、“坚强智能电网”的重要意义和主要作用

“坚强智能电网”的重要意义和主要作用可概括为以下几点：

（1）适应并促进清洁能源发展。

（2）实现高度智能化的电网调度。

（3）满足电动汽车等新型电力用户的服务要求。

（4）实现电网资产高效利用和全生命周期管理。

（5）实现电力用户与电网之间的便捷互动。

（6）实现电网管理信息化和精益化。

（7）发挥电网基础设施的增值服务潜力。

第二节　智能电网与能源资源的优化配置

一、我国能源资源的分布

我国能源资源的整体特点是总量丰富、分布不均，水利资源和煤炭资源较为丰富，但优质化石能源（石油、天然气）资源相对不足。

我国煤炭资源相当丰富，分布也比较广泛，故我国是世界上少数的几个能源消费以煤炭为主的国家之一。但我国煤炭资源分布不均，从南北方位看，昆仑山—秦岭—大别山一线以北地区的煤炭资源量占全国煤炭资源总量的90%以上；从东西方位看，大兴安岭—太行山—雪峰山以西地区的煤炭资源量占全国煤炭资源总量的90%以上。因此，我国煤炭资源地域分布上存在“北多南少、西多东少”的特点。

我国石油资源总量较为丰富，从地域分布看，我国石油资源集中分布在渤海湾、松辽、塔里木、鄂尔多斯、准噶尔、珠江口、柴达木、东海大陆架和南海海域等地区，以上地区可采资源量占全国的80%左右。我国石油资源赋存条件差且分布于较恶劣的环境，陆上资源中，50%以上埋深在2000~3500m，西部石油资源埋深多大于3500m。资源量中非常规石油所占比例较大，在剩余已探明的可采储量中，低渗或特低渗油、重油、稠油和埋深大于3500m的占50%以上。

我国天然气资源分布不均衡，主要蕴藏在西北地区，其次为东北、华北地区和东南沿海浅海大陆架。天然气资源集中分布在塔里木、四川、鄂尔多斯、东海大陆架、柴达木、松辽、莺歌海、琼东南和渤海湾九大盆地。我国60%以上的天然气资源分布于经济落后的中西部地区，远离经济发达、能源需求旺盛的沿海区，还有20%左右的天然气资源分布于近海大陆架，东部地区天然气资源相对较少。

我国水利资源分布不均衡，西部丰富，中部、东部相对较少。其中，西南地区的四川、重庆、云南、贵州、西藏等省、自治区、直辖市水利资源较为丰富，技术可开发量占全国的60%以上。根据我国水利资源的分布特点，我国规划建设长江上游、金沙江、大渡河、雅砻江、乌江、南盘江红水河、澜沧江干流、黄河上游、黄河中游、东北、湘西、闽浙赣、怒江13个大型水电基地。

我国幅员辽阔，有丰富的风能资源，是世界上利用风能较早的国家之一。我国的风能资源分布广泛，主要集中在东南沿海及附近岛屿以及“三北”（东北、华北、西北）地区，内陆也有个别风能丰富点。

我国太阳能资源非常丰富，未来太阳能光伏发电的发展潜力巨大。我国在西北部太阳能资源富集地区具有大面积的荒漠、荒地可用于太阳能开发。

二、能源发展存在的问题

从我国所处的发展阶段以及发达国家经济发展的历程来看，我国居民生活消费结构从过去的“衣”“食”阶段转向“住”“行”阶段。这些中长期的变化趋势将在一段时间内持续存在，我国能源发展面临的新问题日益突出。

（一）清洁能源比例偏低，风电并网消纳存在问题

我国发电能源结构与世界部分发达国家有很大差异，发达国家发电能源结构中气电、核电占较大比例，煤电在发电能源结构中的比例不足50%，而在我国发电能源结构中，煤电的比例超过了80%，天然气、核能等清洁能源所占比例偏低。近年来，我国风电发展十分迅猛，风电装机容量快速增长，且分布较为集中。

风电出力具有随机性和间歇性的特点，风电大规模并网对系统内其他电源的调节能力提出了更高的要求，系统内的其他电源除了跟踪负荷的变化，还要跟踪风电的随机变化。目前，我国风电在快速发展的同时，也呈现部分地区弃风严重等问题。随着风电的大规模发展，系统面临的调峰压力日益增大，尤其是风电的反调峰特性明显增加了电网调峰的难度。目前，由于系统调峰能力不足，部分地区在供热期的系统负荷低谷时段已出现风电限出力现象。

长期以来，我国电力发展以分省分区的就地平衡为主，省区间电网互联规模较小，互相调节能力不足。我国风电开发主要集中在风能资源较丰

富的偏僻地区，这些地区多处在电网的末端，当地负荷水平低、系统规模小、风电消纳能力十分有限，但受到跨省跨区电网互联规模小的约束，风电难以送到临近的负荷中心省份消纳。

（二）常规化石能源供应能力不足

随着我国经济的增长，以及工业化、城镇化、市场化和全球化进程的推进，我国能源需求总量将迅速增大，在未来相当长时期内我国能源需求仍具有较快增长的潜力。受我国能源资源及开发条件的限制，在未来我国经济及能源消费需求快速增长的同时，煤炭、石油等传统化石能源将面临可持续供应能力严重不足的问题。

综合考虑资源储量、生态环境、开采条件等因素，未来我国常规化石能源可持续供应能力难以满足未来我国经济快速发展对能源的大量需求。根据未来我国能源消费的巨大需求，在煤炭、石油等常规化石能源可持续供应能力不足的情况下，一方面，需适当增大石油、天然气能源资源的进口量，通过加强国际能源合作来填补我国油气资源的供应缺口；另一方面，需优化我国的能源供应结构，在一次能源消费中增大核能、水能、风能、太阳能等清洁能源的比例，减少对煤炭、石油等常规化石能源的消费需求，保证我国能源供应安全。

（三）煤炭能源外送方式单一，跨区输电能力有限

我国煤炭资源主要分布在西部和北部地区，而能源及电力消费中心主要分布在中东部地区，因此，大规模、长距离的煤炭运输不可避免。长期以来，我国煤炭运输的总体格局是“西煤东运”“北煤南运”。目前，我国已形成以山西、陕西、蒙西煤炭基地为核心，向周边地区辐射的布局结构。

煤炭通过公路运输，带来车辆超载、公路设施损毁等问题，而且会消耗大量的石油，无异于用高级能源去换低级能源，对一个每年进口大量石油的国家来说，经济性较差。从煤炭运输效率来看，铁海联运可以充分发挥技术和规模优势，煤炭运输损失和能源消耗低于公路、内河等方式。

我国煤炭大规模、长距离的直接运输现象，一方面与我国煤炭资源、能源和电力消费中心逆向分布紧密相关；另一方面与我国的煤电布局紧密相关。我国中东部地区煤电需求量巨大，大量煤炭从西部和北部煤炭产区大规模、长距离输送到中东部地区用于燃烧发电，这是造成我国煤炭运量持续不降的主要原因之一，并带来一系列运输、环保问题。

电力布局和电力发展方式是关系到国家能源布局、环境保护和电力工业可持续发展的重大战略问题。通过对能源、经济、环境进行分析后发现，传统的电力布局与发展方式已经难以为继，亟须得到改善与优化。随着全国联网的不断推进，跨区送电量逐年增长，但相对煤炭运输量而言，煤炭产区对外输电的规模仍然很小。因此，必须优化煤电布局，加快西部和北部煤电基地建设，通过特高压电网输送煤电到中东部地区，加快构建“输煤输电并举”的能源综合运输体系，调整优化我国能源运输结构。

（四）终端能源消费以煤炭为主，电能比例有待提高

随着经济的发展，我国终端能源消费中优质能源需求增长明显加快，比例逐步增加，煤炭在终端能源消费结构中所占比例呈持续下降的态势，但电能占终端能源消费比例依然偏低。

经济发展，电力先行。发达国家的经验表明，电力工业发展与国民经济发展和能源效率提高具有很强的正相关关系。美国、加拿大、德国煤炭消费的绝大部分用于发电，只有极少部分煤炭用于直接消费，这大大提高

了煤炭的利用效率，同时也在一定程度上减轻了煤炭直接燃烧造成的环境污染。发达国家一次能源消费结构变化，尤其是发电用能占一次能源消费比例的增加，推动了能源强度下降。而我国目前发电用能占一次能源消费比例较低，发电用煤仅占煤炭消费的一半左右，这是我国能源强度远高于发达国家的原因之一。

根据我国能源资源的禀赋特点，在未来相当长的时期内，我国必须坚持“以煤为主，多元发展”的能源之路。为稳步提高我国的整体能源效率，必须持续不断提高电能在我国能源消费中的比例，尤其是推动我国储量相对丰富的煤炭向电力转化，逐步提高电气化水平，实现终端能源消费向清洁高效能源的转变，从而优化终端能源消费结构，实现能源利用和环境保护的和谐、可持续发展。

三、促进资源优化配置的途径

我国能源发展存在清洁能源所占比例偏低、风电等新能源并网消纳陷入瓶颈、常规化石能源供应能力不足、主要煤炭基地能源外送方式单一、跨区输电能力不足、电能占终端能源消费比例有待提高等问题，必须加快“坚强智能电网”建设，以促进我国能源资源的优化配置和经济社会的可持续发展。

（一）建设坚强智能电网，解决新能源并网瓶颈

1. 风电的开发、消纳及输送

我国风能资源和多数大风电基地主要分布在经济发展落后、负荷水平较低、系统规模较小的地区，当地电网的风电消纳能力十分有限。同时，风电出力具有随机性和间歇性的特点，并具有明显的反调峰特性，风电大

规模并网后将加大系统调峰容量的需求。为促进风电大规模发展，必须加大抽水蓄能电站等调峰电源的建设规模和跨省跨区互联电网的建设，通过跨省跨区的电网互联把风电送入更大的范围消纳。

风电的开发、消纳、输送必须遵循以下原则：

（1）安全性原则

安全性主要体现在电源装机能够满足系统负荷需求并留有合理备用，风电、煤电、水电、核电等各类电源的出力能够互相调剂、时刻满足负荷需求并及时跟踪负荷变化；风电接入能够满足电力系统安全运行的要求。

（2）经济性原则

经济性主要体现在以下方面：风电的发展要充分考虑其投资和运行成本，并结合输配电的投资和运行成本，考虑替代煤电所节约的外部成本，以全社会电力供应总成本最低为目标，以满足电力用户的承受能力为基本条件，确定风电消纳能力。

（3）清洁性原则

清洁性主要体现在以下方面：在满足电力系统安全运行的前提下，通过优化煤电布局，加大清洁能源的发电装机比例；充分利用其他电源的调节能力，尽量增大风电的开发规模，减少电力工业的化石能源消耗及二氧化硫、二氧化碳排放，促进电力工业绿色发展。

哈密、酒泉、锡林郭勒盟、赤峰等地区煤炭资源丰富，适宜建设大型煤电基地，且当地规划建设特高压直流外送通道，可将当地的风电和火电打捆后通过特高压线路送出，扩大风电的消纳范围和规模。从技术角度看，风电和火电打捆外送时，火电参与风电调节，可保持系统输电功率的平稳，有利于系统的安全稳定运行。从经济性看，与纯风电外送相比，风电和火电打捆外送具有两点优势：一是火电上网电价较低，能大幅降低平均上网电价；二是火电参与风电调节，能保证输电通道的利用小时数，有效降低输电电价，从而使输电到达受端电网的落地电价具有一定的竞争优势。风电和火电打捆外送是促进我国风电开发技术可行、经济合理的一种重要方式。

2. 太阳能发电与“坚强智能电网”

与风电类似，太阳能发电也具有随机性和间歇性的特点。太阳能发电的开发利用主要有两种方式：一种是分散式开发利用和分布式能源系统应用，另一种是集中式开发利用。

未来的太阳能分散式开发利用有两种方式，一是发挥太阳能发电适宜分散供电的优势，在西藏、青海、内蒙古、新疆、宁夏、甘肃、云南等省、自治区以推广户用光伏发电系统或建设小型光伏电站，解决这些地区的供电问题；二是在北京、上海、江苏、浙江、广东等经济较发达的直辖市、省份建设屋顶太阳能并网光伏发电设施，扩大城市可再生能源的利用量。

因此，为促进太阳能的分布式开发利用，需要加强配电网的建设，提高电网的智能化程度，方便太阳能发电分散接入，促进太阳能发电开发利用，扩大清洁能源利用量。

我国太阳能资源分布与电力负荷中心分布不一致，随着太阳能发电规模的不断扩大，受当地电网消纳能力不足的限制，大规模集中开发并外送将成为我国太阳能发电的主要利用方式。因此，未来我国太阳能发电的大规模集中开发利用存在大规模、长距离外送到区域电网内乃至区域电网外的需求。只有依靠坚强的特高压电网，才能促进我国太阳能发电的大规模集中开发利用。

(二) 建设坚强智能电网，促进水电大规模开发

未来我国能源及电力需求将快速增长，煤炭、石油、天然气等常规化石能源的供应能力不足，必须通过大规模发展水电等可再生能源，补充我国能源供应的缺口。根据我国水能资源分布及开发利用情况，我国水电资源主要集中在四川、云南、西藏等西南地区。这些地区负荷水平较低，根据各主要河流流域的开发规划及工作情况，西南地区水电在满足当地电力需求后，需要大规模送往中东部负荷中心，其中三峡、西南水电基地，主要外送到华中、华东及南方电网。

西南水电基地距离中东部负荷中心 1000~3000km，如果用常规的 500kV 交流线路送电，由于送电距离远，系统稳定问题非常突出；即使采用紧凑型、串补等先进适用技术，每回 500kV 线路的输电能力也只能达到 100 万~130 万 kW。为保证输电走廊的合理利用、受电电网的安全稳定运行、更低的电力传输损耗和更高的输电经济性，西南水电的大规模开发及外送，需要建设 1000kV 交流输电及±800kV 直流输电。目前，向家坝—上海和云南—广东两个西南水电外送工程均采用±800kV 特高压直流输电，两个工程的投运为我国西南水电的大规模开发和外送创造了条件。因此，加快特高压电网建设，是我国水电大规模开发利用的必然要求。

(三) 建设“坚强智能电网”，促进煤电优化布局

以煤为主的资源禀赋特点，决定了我国以煤电为主的电源结构。煤炭资源与经济发展在地域上的逆向分布，决定了我国能源的大规模、长距离输送不可避免。我国电力布局中输煤与输电的关系问题，是关系到国家能源布局、能源资源高效利用、环境保护和区域经济协调发展的重要战略

问题。

输煤、输电两种运输方式差异显著，为满足东部地区能源需求，采用输煤方式，需要经过送端集运站装卸和运输、输煤铁路干线运输、中转港口装卸、海运、受端港口装卸、受端电厂煤炭运输等诸多环节，才能将煤炭长距离运输到东部地区，特点是链条长、环节多，铁路仅是输煤方式的组成部分之一；采用输电方式，是在煤电基地发电并通过输电线路将电力直接送往东部地区，特点是“一站直达”，减少了大量中间环节。输煤、输电两种方式的显著差异对二者经济性、输送效率、占地等方面的比较带来直接影响。在生态环境影响方面，输电比输煤更能促进我国环保空间优化利用和生态环境保护：一是可以减轻中东部负荷中心地区的环境压力，减少环境破坏；二是可以将西部资源优势加快转化为经济优势，改善西部地区环境治理投入不足所造成的污染状况；三是可以缓解煤炭开采导致的环境压力。通过煤电一体化建设，实现煤矿与电厂在水、煤、灰、土地等资源配置上的互补和综合利用，形成内部良性循环圈，可以大大降低煤炭开采对环境的破坏程度。

扩大跨区电力输送规模，可以在大量节约土地资源的同时，通过产业布局在全国范围内的优化，进一步提高全国土地资源的整体利用效益。我国西部地区地广人稀，土地资源相对较为丰富，建设燃煤电厂的土地使用条件较为宽松。中东部地区经济发达，人口密集，土地价值高，资源十分稀缺。

此外，我国西部和北部的部分煤炭产区，同时具有丰富的风能资源和太阳能资源，具备建设大型风电基地和太阳能发电基地的资源条件。与西部煤电基地和北部煤电基地同步建设的特高压跨区输电，可以同时为临近建设的风电基地、太阳能发电基地提供跨区输送通道，为可再生能源的大规模发展创造条件。因此，充分利用西部和北部地区丰富的煤炭资源和可再生能源资源，建设大型电源基地，将煤电、风电、太阳能发电“打捆”后联合送出，是一种技术可行、经济合理、能够有效扩大可再生能源消纳范围和规模的电力发展方式，是促进我国清洁能源发展、优化能源消费结构的必然选择。

（四）引入周边国家电力，保证我国能源及电力供应安全

随着我国经济的快速发展，我国的能源与电力需求将保持快速增长的态势，未来煤炭、石油、天然气等常规能源将无法满足我国能源可持续供应的要求。为满足我国能源的可持续供应，一方面要大力发展核电、水电、风电等清洁能源；另一方面要积极推进国际能源合作，从国外进口石油、天然气等能源，其中跨国电力合作也是我国国际能源合作的重要组成部分。

从周边国家引入电力是促进我国能源可持续供应重要的解决方法之一。但周边的俄罗斯、蒙古国、哈萨克斯坦等国与我国相距较远，常规的500kV交直流输电技术已难以满足长距离输电的需要，只有构建更高一级的电压等级，通过“坚强智能电网”，才能实现跨国电力的大规模、长距离输送。

我国能源资源生产与消费中心逆向分布的特征，决定了我国能源资源长距离、大规模的运输不可避免。未来我国将形成“西电东送”“北电南送”的电力流格局。其中，西南水电送电“三华”电网及南方电网负荷中心；新疆、甘肃、内蒙古的风电和火电通过打捆方式向“三华”电网送电；山西、陕西、内蒙古、宁夏煤电送电“三华”电网；俄罗斯、蒙古国

等国就近向我国负荷中心地区送电。

（五）加快电网智能化建设，促进电动汽车规模化发展

燃油汽车是石油能耗大户，目前我国石油进口依存度已经超过 50%，随着燃油汽车保有量的不断上升，石油需求量还将上升，给我国能源安全带来巨大的隐患，同时汽车尾气排放也成为大气污染的重要来源。电动汽车是指以电能为动力的汽车，一般以高效率充电电池或燃料电池为动力源，规模化发展电动汽车，对于减少我国的油气资源消耗、减少我国对国外进口油气资源的依赖具有重要意义。

“坚强智能电网”具有坚强的网架结构，同时具备各类电源接入、送出的适应能力，具备大范围资源优化配置能力和用户多样化服务能力，有助于实现安全、可靠、优质、清洁、高效、互动的电力供应，推动电力工业及相关产业的技术升级，满足我国经济社会全面、协调、可持续发展要求。

随着电动汽车的推广应用和充电站建设的普及，人们对电动汽车和充电站的认识已经不仅仅局限在代步工具和“加油站”上，而是希望开拓更广泛的应用。美国、德国等国已经在进行 V2G（Vehicle-to-Grid）相关技术研究，旨在实现以下目标：电动汽车（充电站）不但能从电网获得能量，而且必要时可以向电网供电，从而提高供电的可靠性。

加快“坚强智能电网”建设，能够有效满足电动汽车等新型电力用户的电力服务要求。坚强智能电网建设包括建成完善的电动汽车配套充放电基础设施网络，形成科学合理的电动汽车充放电站布局，充放电站基础设施满足电动汽车行业发展和消费者需要，电动汽车与电网的高效互动得到全面应用。

第三节　智能电网与低碳环保

“坚强智能电网”建设包含发电、输电、变电、配电、用电和调度六大环节。清洁能源机组的大规模并网技术、灵活的特高压交直流输电技术、智能变电站技术、配电自动化技术、双向互动关键技术、智能化调度技术等，是各个环节建设“坚强智能电网”的关键技术。“坚强智能电网”建成后，将在我国节能减排方面发挥重要作用：

（1）支撑清洁能源接入，优化能源消费结构。

（2）提高火电发电效率，降低发电煤耗。

（3）提升电网输送效率，减少线路损失。

（4）支持智能用电，提高用电效率。

（5）推动智能城市发展，创造和谐新生活。

城市是我国电力负荷集中区，很多经济发达的大中型城市均存在人口密度高、环境压力大、能源资源匮乏、电力需求旺盛的情况。智能城市（也称智慧城市）在电力供应方面对安全性、经济性和环保性的要求更高，在用电方面，更加强调可靠、优质和互动。发展智能城市的重要目的，就是通过城市的信息化、现代化，充分发挥城市对于人流、物流、信息流的聚集功能，实现城市资源高效配置、经济快速发展和社会全面进步。

智能电网是智能城市发展的重要能源保障基础和前提，是建设智能城市的重要内容。智能城市需要由稳定的城市电网来满足日益增长的电能需求、稳健的电网运行需求和可靠的用电需求。智能电网将建立以特高压为骨干、各级电网协调发展的坚强网架，可以最大限度满足不同地区、不同城市的用电需求，在能源的使用上，为智能城市提供坚强的基础。智能电网通过其配电、用电系统，在智能调度系统控制下可向各类用户提供优质、清洁、高效的供电服务，保障智能交通、智能社区、清洁生产、电子商务等功能的正常运转；电力物联网、电力光纤到户技术的应用，不仅对城市及家庭通信系统产生深远影响，同时对有效扩展电力增值服务、实现城市基础设施效益最大化具有极大的推动作用。可以说，智能电网的服务对象涉及智能城市功能层的智能经济系统、智能社会系统和智能生态系统等几乎所有子系统。

智能电网的建设和完善，将会在全国形成一个完整的、统一的覆盖城乡、连接所有用户、所有用电设备的庞大网络。智能电网的建设，特别是与城市生活密切相关的智能电网用电服务体系的建设，可以为智能城市提供信息载体，提供一个双向互动的信息交互平台，可以利用电网设施进行公共服务的信息传输，如智能小区、智能楼宇、电动汽车充放电站等设施可以为智能城市建设的能源、交通等公共服务提供支撑。智能电网对于推动智能城市建设具有重要作用，智能电网的智能用电技术将容纳大量的分布式电源、电动汽车充放电，便于建设智能小区、智能家居等，有利于提高城市生活品质，促进城市智能化进程。因此，智能电网建设不但是智能城市建设的内容之一，而且可以为智能城市建设提供基础设施支撑，有力地支撑智能城市建设。

智能电网通过对电网更全面、更智能的监测控制以及与用户的友好互动，提供稳定的能源供给，为用户生活和社会正常运转提供基础支撑，使用户用电更安全、更可靠、更优质、更环保、更节约、更便捷，为用户打造全新的生活方式和理念，让用户生活更舒适、更美好，从而有利于国家的稳定和社会的和谐。

第四节　智能电网与可靠供电

一、变电站设备在线监测

变电站设备在线监测是传统设备监控的延伸，与传统设备监控相比，在对象与内涵方面均有较大的变化，主要由高压设备、传感器、分析模块或系统 3 部分构成。高压设备主要包括变压器、GIS（组合电器）、电压互感器、电流互感器、断路器、避雷器、高压套管等；传感器用于检测相应的被测量，并将模拟信号转换成数字信号，然后传输给分析模块或系统；分析模块或系统用于实现设备监测、评估、预警等全部或部分功能。

（一）在线监测技术原理

变电在线监测主要包括 GIS 在线监测、避雷器在线监测、变压器在线监测等。其中，变压器在线监测又分为变压器油中溶解气体监测、变压器局部放电监测、变压器套管绝缘在线监测、变压器箱体振动在线监测、变压器绕组热点温升在线监测等。

1. GIS 在线监测

GIS 在线监测主要有超高频局部放电在线监测、SF_6（六氟化硫）气体密度及微水在线监测、机械特性在线监测。

（1）超高频局部放电在线监测

超高频局部放电在线监测采用内置或外置超高频传感器实时监测因 GIS 内部缺陷产生的局部放电超高频信号，以达到对缺陷类型的识别、定位、危险性评估等目的。受测量方法、传感器安装方式等影响，超高频局部放电在线监测通常采用内置传感器方式。

超高频局部放电在线监测法基本原理如图 1-2 所示。

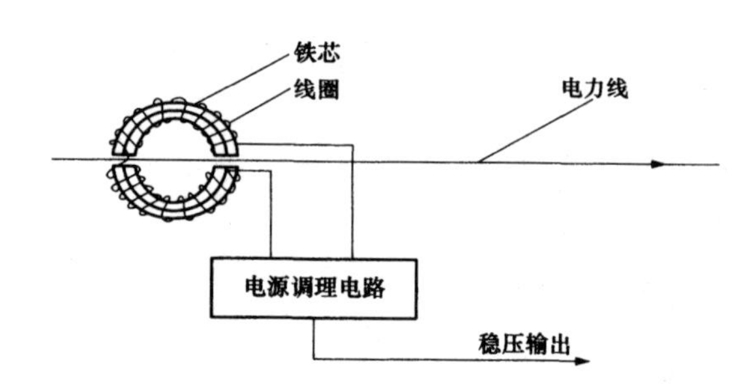

图 1-2　超高频局部放电在线监测法基本原理

内置传感器安装在 GIS 腔体内，可获得较高的监测灵敏度，但对传感器的安全性也有较高要求。外置传感器通常安装在 GIS 盆式绝缘子上，通过监测绝缘子泄漏出来的电磁波信号来实现局部放电监测，其监测灵敏度不如内置传感器，但具有安装灵活、安全性好的特点。已经投入运营的 GIS，大多没有安装内置传感器，此时则需要采用外置传感器的方式。

（2）SF_6 气体密度及微水在线监测

SF_6 气体密度及微水在线监测主要是通过露点传感器、压力传感器和温度传感器检测 SF_6 气体中的微水含量和气体密度，以便及时控制 SF_6 气体中的水分和设备内的气体密度。运行中的 GIS 内部充有高气压 SF_6 气体，其绝缘强度和击穿场强都很高。当局部放电在很小的范围内发生时，气体击穿过程很快，将产生很陡的脉冲电流，其上升时间小于 1ns，并在 GIS 腔体内激发频率高达数吉赫的电磁波。GIS 绝缘缺陷导致的放电会产生丰富的分解产物，通过监测 SO_2、H_2S、HS、CO、HF 等物质，可以判断缺陷的严重程度、放电的位置等，为检修提供理论基础和技术支撑。

（3）机械特性在线监测

机械特性在线监测是通过监测分合闸线圈电流波形、行程时间曲线、一次回路电流以及分合闸位置和储能状态，通过波形分析和数据分析得到分合闸时间、分合闸速度、三相不同期、分合闸次数。通过分合闸行程时间曲线与空载时对比分析，得到机械状态的变化趋势。将传感器安装在断路器操动机构上，测量分合闸线圈电流、操作行程、储能状态等状态量，并与出厂试验记录进行比较，可以在线校验其机械特性是否满足要求。

2. 避雷器在线监测

避雷器在线监测方法（见表 1-1）主要有总泄漏电流（全电流）法、零序电流法、补偿法、谐波法等，目前应用较多的在线监测方法是补偿法。

表 1-1　避雷器在线监测方法

监测方法	监测原理	优点	缺点
总泄漏电流（全电流）法	测量每台避雷器的全电流，通过监测全电流的大小变化判断 MOA 的运行状况	原理简单、易于实现	全电流变化不能真实地反映 MOA 的运行状况，测量准确度低
零序电流法	从三相 MOA 接地线中测取三相接地电流，根据此电流的大小变化来判断 MOA 的运行状况	方法简单，不需在电压互感器上取电压信号	无法判断是哪一相的故障，受电网三次谐波影响大

续 表

监测方法	监测原理	优点	缺点
补偿法	从电压互感器二次侧取得电压信号，用以补偿容性电流，获得 MOA 阻性电流，根据阻性电流的大小变化判断 MOA 的运行状况	直接测得阻性电流，方法比较简单	相见杂散电容的影响使容性电流不能完全补偿，导致测试灵敏度低
谐波法	将电压互感器二次电压和电流互感器二次全电流进行 FFT 运算，提取基波电流和基波电压，从而计算出阻性电流大小，根据阻性基波电流的大小变化判断 MOA 的运行状况	受电网谐波的影响很小，精确度相对较高，易排除相见干扰	从电压互感器上取信号存在相角差且数据处理量大，对处理器的要求较高

避雷器在线监测除了考虑测量精确度和稳定性，应不影响避雷器计数器动作和避雷器动作对雷电流安全通过的影响。

3. 变压器在线监测

（1）变压器油中溶解气体监测

变压器油中溶解气体监测方法主要有气相色谱法、光声光谱法、燃料电池法等。

（2）变压器套管绝缘在线监测

套管是变压器的关键部件，套管出现故障甚至爆炸对变压器造成的损害是毁灭性的，据统计，套管故障占到变压器故障总数的20%。

变压器套管绝缘在线监测是通过监测电容性设备的电容量、介质损耗、三相不平衡电流及三相不平衡电压，发现局部电容屏击穿、绝缘受潮、劣化等潜伏性缺陷。

（3）变压器箱体振动在线监测

变压器箱体振动在线监测是通过安装在变压器箱体表面的一个或多个速度、加速度传感器来获取其振动信号，然后将振动信号经过时域或频域等分析处理，获得信号的特征信息，再通过一定的诊断方法获得变压器铁芯和绕组的工作状况。国标要求变压器油箱壁振动限值不大于100μm（峰—峰值），如变压器箱壁振动幅值增大，则需判断是否存在直流偏磁或者硅钢片松动引起的铁芯振动，或漏磁引起的油箱壁（包括磁屏蔽等）振动等。

（二）变电设备在线监测技术应用

变电站是构成电网的重要枢纽，变电设备承担着汇集、分配电能的重要作用。

目前，变电设备在线监测技术在我国得到广泛应用，主要体现在以下方面：

（1）变压器油中溶解气体监测。

（2）变压器铁芯接地电流监测。

（3）变压器局部放电监测。

（4）电容型设备绝缘监测。

（5）金属氧化物避雷器绝缘监测。

（6）GIS/断路器SF_6气体监测。

（7）断路器机械特性监测。

（8）GIS局部放电监测。

二、配电自动化支撑技术

配电自动化支撑技术主要包括基于SOA的智能配电网体系架构、企业信息集成总线、地理信息交互技术、城市智能电网的全景感知技术等。

（一）基于SOA的智能配电网体系架构

SOA是由开放式面向服务架构（Open Service Oriented Architecture，OSOA）组织发布的企业信息集成的设计原则。

SOA的出现为电网企业体系架构提供了更加灵活的构建方式。如果现有的孤立系统对外提供的数据都基于SOA来构建体系架构，就可以从体系架构的级别来保证整个系统的松耦合性和灵活性。这为未来企业业务的扩展打好了基础，真正消除了信息孤岛，实现了信息共享。

配电系统由配电网络（包括馈线、降压变压器、各种开关等配电设备）、通信、控制、继电保护、自动装置、测量和计量仪表等设备构成。它们之间的数据访问必须有个统一的接口和标准，使互联互通时不必针对每个厂家的设备专门制定通信规约、编码规则。

国际标准化工作使得建立智能配电网统一的接口和标准成为现实。DL/T890《能量管理系统应用程序接口》中远动设备和系统中的CIM模型、数据访问接口等标准在以下方面做出了规定：对不同独立开发商的EMS应用进行集成，或对EMS和其他涉及电力系统运行的不同方面的系统进行集成。DL/T1080《电力企业应用集成配电管理的系统接口》（等同采用IEC 61968）用于对配电管理系统进行集成。DL/T860《变电站通信网络和系统》用于对变电站自动化系统进行集成。

（二）企业信息集成总线

1. 企业集成总线架构

企业集成总线架构是目前企业信息集成的理想解决方案。同时，企业集成总线又是基于SOA的企业服务总线，即企业集成总线是完全依据SOA的服务总线要求设计的。对照SOA的特性，可以清楚地说明企业集成总线满足SOA架构：

（1）SOA服务使用平台独立的XML格式进行自我描述，企业集成总线的服务也是使用平台独立的XML格式进行自我描述。

（2）SOA服务用消息进行通信，该消息通常使用XML模（Schema）来定义，企业集成总线的服务消息由通用接口定义，完全由XML模来定义消息。

（3）在一个企业内部，SOA服务通过登记处（Registry）来进行维护，企业集成总线也设计一个登记处来部署服务，服务登记的标准是统一的。

（4）每项SOA服务都有一个与之相关的服务品质（Quality of Service，QoS），企业集成总线的服务也有一个与之相关的服务品质。

2. 企业集成总线标准

企业集成总线标准出自IEC 61968和IEC 61970。

IEC 61968关注松耦合集成，IEC 61970也有一部分涉及此内容。两者的组件不相互控制；相反，像工作管理系统和地理信息系统这样的系统可能只是利用它们共有的CIM知识，相互请求对方，而不允许直接控制。通过这种方式，当组件变化时，系统的管理和重新配置可以最小化。

IEC 61968和IEC 61970为了利用共有的CIM知识，定义了一套通用的抽象动词/服务，这些动词/服务和组件与如何运行或者在什么上面运行无关。换言之，这两套标准寻求的是弱化组间的耦合，因此关注的是数据服务而不是命令。例如，IEC 61968 和 IEC 61970 都没有提供一个通用的“运行”命令，而是允许一个组件去请求、改变或删除另一个组件所维护的 CIM 模型的某一部分。

3. 企业集成总线的软件架构

企业集成总线是一个信息服务器，它把多个已经存在的信息系统和新的应用系统联系起来，提供实时分析多个数据源的能力。企业集成总线捕获知识和信息并自动集成这些信息，将之提供给直接的或交互的应用服务系统。开发人员可以使用平台提供的 GUI 或者 J2EE 行业标准开发工具来实现这些功能。

集成总线由 3 部分组成，分别是集成管理器（Integration Manager）、查询引擎（Query Engine）和发布管理器（Publishing Manager）。这 3 部分紧密结合在一起，提供了一个完整的信息集成和分析解决方案。集成管理器从多个数据源集成统一的 XML 格式的信息，查询引擎提供强大的覆盖多数据源的搜索能力。XML 数据库可以用来缓存查询结果，建立可行的数据存储方案，存储 XML 格式的数据。发布管理器将所有通过企业集成总线可以获得的信息按用户认可的格式进行快速发布和报表分析。

（三）地理信息交互技术

地理信息在城市配电网中具有重要的应用价值，如资产管理、设备检修、电网规划等。地理信息具有直观、真实的特点，是智能配电网信息支撑平台的重要组成部分。

同配电网中其他信息系统类似，目前的地理信息应用同样存在信息孤岛问题，主要原因是标准不统一和数据不规范。如何保证地理信息在配电网的多个系统之间进行交互与共享，是智能配电网必须解决的重要问题。地理信息本质上也是一种信息，虽然在 DL/T1080 中电网对象已经包含了地理信息部分，但对于智能配电网来说，DL/T1080 还不能满足要求，因为它仅限于配电网数据层面的信息交互，不涉及基础地理数据和地理信息服务（包括配电网地理信息服务和基础地理信息服务）。

开放空间信息协会（Open Geospatial Consortium，OGC）制定了一系列地理信息共享方面的标准和规范，包括 Web 覆盖服务规范、地理标签语言规范、Web 地图服务规范和 Web 要素服务规范等，这些规范统称为 Open GIS 规范。

（四）城市智能电网的全景感知技术

智能城市是城市发展的新阶段，是信息化高度集成的应用，其核心思想是基于时空一体化模型，以网格化的传感器网络作为神经末梢，形成自组织、自适应并具有进化能力的智能生命体。具体而言，智能城市在交通、能源、服务、环境等方面应用了智能化技术，实现了城市运行的全过程监控和各环节智能运行。

智能电网为城市智能化建设提供基础性保障，是智能城市的核心内容之一。智能城市的建设不仅对智能电网建设提出新需求，也将促进通信、信息网络等公共设施建设和信息处理、智能控制等各种技术的进步。从电网外部来看，全球气候变化导致的灾害频发对电网系统运行的影响越来越大，可再生新能源的大量接入等使得电网系统的运行控制更加复杂。除此之外，城市环境中的配电网还易受市政施工、交通事故等突发性事件的影响。智能电网正日益成为智能城市这一社会化复杂大系统的关键组成部分。

因此，在规划和建设智能电网过程中，应该站在更全面和更高层次的智能城市角度去研究电网的稳定、安全和高效运行。电网的智能化特征不仅体现为电网内部环节的智能化，也体现为对外部影响因素的感知和智能化反应。

三、智能电网调度技术

（一）智能电网调度技术支持系统特点

为了对智能电网调度核心业务的一体化提供全面的技术支持，系统在设计和研发上体现如下特点：

（1）系统平台标准化。

（2）系统功能集成化。

（3）系统应用智能化。

（二）电网实时监控与智能告警技术

电网实时监控与智能告警技术是利用电网信息及气象、水情等辅助监测信息对电网进行全方位监视，其功能主要包括以下几方面：

（1）电网运行稳态监控。

（2）电网运行动态监视。

（3）二次设备在线监视与分析。

（4）在线扰动识别。

（5）低频振荡在线监视。

（6）综合智能告警。

（三）调度预警与决策支持技术

调度预警与决策支持技术是通过快速信息采集、监视和共享，实现敏锐、综合、前瞻和智能的在线情境分析和决策支持，全面把握电网稳态、暂态、动态等多种运行状态和安全稳定水平，对影响电网安全运行的薄弱环节及时预警并给出相应的控制措施，以有效预防大面积停电事故的发生。

电网调度预警与决策支持系统总体结构如图 1-3 所示。

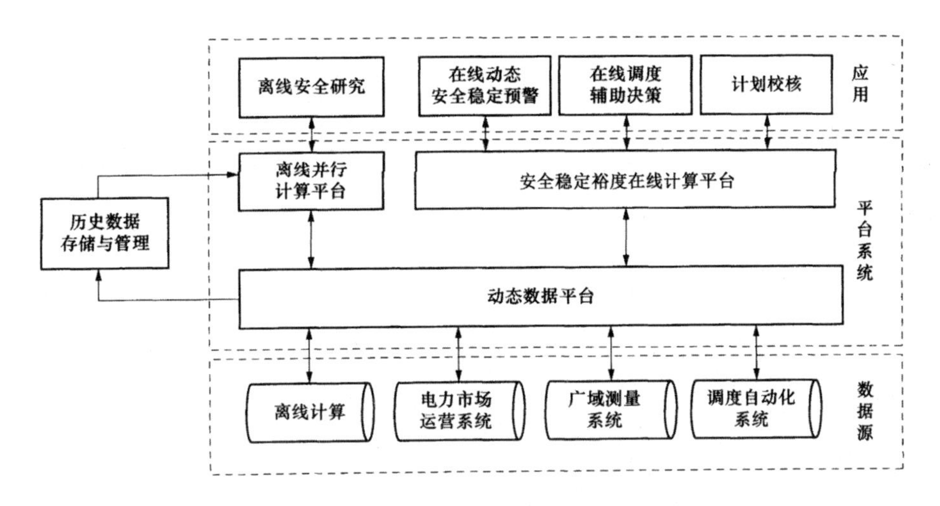

图 1-3　电网调度预警与决策支持系统总体结构

1. 动态数据平台

动态数据平台为调度预警与决策支持系统提供分析数据。动态数据平台的主要功能是实现在线数据整合和数据交换，把各级电网的离线数据和 EMS 在线数据资源结合在一起，将电网在线运行数据引入传统的稳定分析计算中，使电网的高级计算分析更加符合实际运行情况。

2. 并行计算平台

并行计算平台是调度预警与决策支持系统的计算载体。并行计算平台功能包括计算任务管理、在线数据广播、计算结果汇总、出错处理、数据备份等。并行计算平台分为在线并行计算平台和离线并行计算平台，前者主要完成电网稳定预警的在线计算及预警，后者主要完成交互式、研究型电网离线稳定计算分析。

3. 历史数据存储与管理

对在线收集到的大量周期运行数据进行有效存储和管理，方便离线研究使用。

4. 在线动态安全稳定预警

通过对电网在线运行状态的监控、潮流计算和全面的稳定性分析和评估（包括暂态稳定评估、电压稳定评估、小干扰稳定评估、静态安全分析等多种手段），及时发现电网中存在的安全隐患。

5. 在线调度辅助决策

当电力系统安全稳定运行裕度不足时，根据故障位置，自动确定调节对象，根据预警结果进行灵敏度计算，利用任务分解枚举算法快速确定运行方式调整方案，供调度人员参考，提高电网应对风险的能力，避免电网失稳事故发生。

6. 安全稳定裕度在线计算平台

引入合理安全原则，基于改进的重复潮流法，针对不同的电网状况，采用不同的断面功率增长方式，兼顾暂态稳定、电压稳定等多种安全稳定约束，提出同时控制多断面功率的潮流调整方法，利用任务并行处理技术，实现大型互联电网传输功率极限的在线计算。

7. 低频振荡监测与分析

将低频振荡监测与小干扰稳定计算相结合，利用广域测量系统提供的在线辨识数据，进行小干扰稳定分析，获取振荡模式及其参与因子等重要信息，辅助调度人员采取及时、有效的控制措施。

8. 计划校核

对电力系统的检修计划、发电计划和电网运行操作（临时操作、操作票）等调度计划和调度操作进行全面的安全稳定校核（包括静态安全、暂态稳定、动态稳定和电压稳定校核），完成后进行辅助决策和安全稳定裕度评估计算。针对调度计划和调度操作中存在的安全稳定问题，提出调整建议，给出重要输电断面的安全稳定裕度。

9. 离线计算

利用并行计算平台，进行大批量离线运行方式自动稳定计算，可大幅度提高工作效率。智能电网调度系统遵循规范化的设计原则，在功能要求、技术指标和技术条件等方面满足现有 EMS 和未来在线安全稳定预警及决策系统的技术要求。计算平台采用开放性的软硬件结构，通过规范的软件接口和数据格式，实现各类应用分析软件的无缝接入，在充分利用已有资源的前提下，不断提高系统性能。

第二章　智能输配用电

第一节　智能输电

输电网是电能输送的物理通道，是连接发电、配电和用电等环节的纽带。先进的输电技术是构建智能输电网、满足新能源发展需要、实现资源大范围优化配置的关键，输电网智能调度技术为电网的安全稳定经济运行提供了重要的保障。

20世纪90年代以来，以同步相量测量（Phasor Measurement Unit，PMU）技术为应用标志的广域测量系统（Wide Area Measurement System，WAMS）在国内外电力系统中得到了不同类型的试点应用。随着现代化大电网技术的发展，基于PMU技术的电力系统动态监视、控制系统研究已成为电力系统动态安全分析、控制技术领域的发展热点。下面主要介绍基于PMU技术的电力系统动态监控系统应用的技术背景、国内应用情况概述，以及系统的体系结构与主要功能等。

（一）技术背景

1. 现代电力系统的特征及发展特点

现代电力系统的主要特征体现为“大机组、大电厂、大电网、超（特）高压长距离交直流混合输电”，这标志着电力系统的发展水平已经进入一个新的阶段，未来电力系统将会表现出一些较小规模电力系统所不具备的新特性。同时，电力系统采用了大量新型控制技术，如发电机励磁及调速系统、动态无功补偿装置、可控串补、高压直流输电控制系统等，使电力系统的动态特性日趋复杂。

与此同时，随着电力市场进程中环境保护相关的要求越来越严格，电网的建设尤其是输电通道的建设越来越困难，这使得电网的各种设施不得不以接近运行极限的方式运行，导致电网动态稳定问题越来越突出，如何更有效地发挥现有电力设施的效用，已成为迫在眉睫的问题。当电网一次系统特性发生改变时，电网的运行监视、控制手段必须能够适应这一变化。

近年来国外发生多次大停电事故，如 1996 年 7 月 2 日和 8 月 10 日两次美国西部大停电、2003 年 8 月 14 日美加大停电、2006 年 11 月 4 日西欧大停电等。这些事故表明尽管现代电网的一次系统结构已相当坚强，却依旧不能避免各种原因引起的大停电事故。对典型大停电事故进行分析，可知事故过程中继电保护、自动控制装置和调度人员未能很好地协调配合是连锁故障发生的重要原因。因此，需要研究新的电力系统运行控制架构，以便准确地判断电力系统的异常状态并预测其发展趋势，及时采取有效的协调控制措施，避免引发连锁事故，有效避免大停电事故发生。

当前，人们尚未完全掌握现代电力系统的许多特性和事故发生机理，因此尚未找到有效保证系统安全稳定运行的方法和对策。传统上以 RTU（Remote Terminal Unit）/测控信息采集为基础的 SCADA（Supervisory Control And Data Acquisition）系统构成了传统电网实时调度运行系统的主体。受 RTU/测控采样频率和传输模式的限制，一般 SCADA 信息 4～5s 刷新一次，即SCADA系统所表征的是电力系统若干秒前的系统状态；基于SCADA的状态估计（State Estimation，SE）和静态安全分析（Security Analysis，SA）基本上5~10min计算一次，即SE和SA所反映的结果是数分钟前的系统状况。因此，以SCADA/EMS（Energy Management System）为应用标志的调度自动化系统并不能反映系统动态变化特征，不足以捕获系统动态变化过程，不能满足电力系统动态监视与评估的要求。我们需要开发新的技术方法和手段，准确测量和记录电力系统各种运行状态及其变化，以便分析电力系统的运行特征，为理论研究提供可信的原始数据，并对研究成果的有效性进行验证。

2. 电力系统运行控制技术特征

现代微电子技术和信息技术的发展使得保护装置、测控装置、安全自动装置、故障录波器、PMU等电力二次控制系统的智能电子设备（Intelligent Electronic Device，IED）大量采用DSP、滤波算法、总线不出芯片等技术，大大提升了信息采集、处理的精度，增强了数据处理的有效性和装置的抗干扰能力。

随着电力通信网络的快速发展，光纤和数字微波已成为传输网的基础，准同步数字系列（Plesiochronous Digital Hierarchy，PDH）传输机制正逐渐向同步数字系统（Synchronous Digital Hierarchy，SDH）转化，现代通信网正逐步向宽带高速、数字化、综合化、智能化方向发展。“网络基础光纤化、网络传输宽带化、网络交换分组化、网络同步一体化”已成为现代通信应用技术的一种标志。通信网络的建设为信息传输提供了可靠的平台，使得信息传输的实时性和可靠性大大提高。

因此，以现代信息处理技术和网络通信为基础的调度自动化系统进入了一个全新的发展时期。基于信息采集和控制的 IED 装置、电力通信网络以及设在电网调度中心的运行、分析主站，构成了电力系统监测、控制系统或称为电力系统调度自动化系统的基础。随着信息技术的发展以及电力调度数据网络的建设，这些电力系统运行监测和控制系统构成了电力系统运行的中枢神经和重要的技术支撑，成为电力系统安全稳定运行的重要保障，并将在电力系统的安全稳定运行中起到越来越重要的作用。

基于同步相量测量技术的电网动态监控系统正是在此背景下产生的，近年来已经成为现代电力系统监测和控制领域的研究热点。以 PMU 技术为基础的电力系统动态监控系统将在未来电力系统运行控制技术中发挥极其重要的作用，并且随着电力系统动态安全分析理论、技术手段的进步，有可能在此基础上建立电网协调控制安全预警系统。

（二）国内应用情况概述

GPS 技术的出现，使得观测电力系统不同点的相角成为可能，GPS 技术最早在电力系统中应用于雷电故障定位。由于 PMU 可以直接获取电网关键点实时的功角、电压、频率变化信息，因此可以用来描述电网的动态变化现象，实现电网运行监视、协调保护和控制功能，同时，可以验证离线仿真计算工具的模型和计算结果。

我国基于 GPS、PMU 及广域监控系统的研究工作先后在黑龙江电网、华东电网、江苏电网等开始试点应用。系统应用基本可以分为两个阶段：第一阶段的主要特征是就地站的信息采集装置采用专用的厂家协议、利用 GPS 技术实现数据采集的同步，数据传输基本通过 Modem 方式实现，传输通道为数字微波通道；第二阶段的主要特征是 PMU 装置采用标准协议，传输通道为数据网。

（三）电力系统运行控制系统现状

1. SCADA/EMS

目前电力系统实时监测和控制系统（或称调度自动化系统）主要指SCADA系统，它也是EMS系统的基础模块，其信息来源于变电站、发电厂的RTU，主要完成数据的收集、处理解释、存储和显示，并把这些信息实时传递给其他应用模块。其主要功能包括信息处理控制、报警与处理、事件顺序记录、事故追忆反演等。随着电力系统的日趋扩大和复杂，为保证电力系统运行的安全性和经济性，调度人员应能够迅速、准确、全面地掌握电力系统的实际运行状态，预测和分析电力系统的运行趋势，对电力系统运行中发生的各种问题做出正确的处理。

EMS高级应用软件（Power Application Software，PAS）是辅助调度人员完成上述任务的有力工具，也是EMS系统的重要组成部分。该应用软件包括实时网络建模和网络拓扑、负荷预测、自动发电控制和发电计划、实时经济调度、状态估计、调度员潮流、安全分析、电压无功优化、短路电流计算、安全约束调度、最优潮流、调度员培训仿真系统等。

SCADA/EMS系统在电力系统的安全稳定运行方面发挥了积极作用，由于其信息应用以RTU技术为基础，因此SCADA/EMS系统具有一定的应用局限性，主要体现在以下几个方面：

（1）由于数据传输通道带宽的局限性，SCADA传输规约限制了数据传输的信息量，只能采用轮询（Polling）方式，4~5s刷新数据1次，实际上SCADA的信息表征的是4~5s以前系统的状态。

（2）不同调度之间的EMS数据信息交换不充分，因此相关电力系统发生的扰动信息无法获取。

（3）由于不同实时系统进行数据交换必须充分考虑信息安全防护问题，而信息安全防护需要采用加密、安全认证、入侵检测等技术，比常规的 SCADA 系统占用更多的通信带宽资源，因此需要更强的数据处理能力。

（4）电力系统调度之间的信息交互采取 ICCP（Inter-Control Center Communications Protocol）协议，ICCP 具有安全内核，但调度之间的信息交互还需要额外的信息安全防护措施，以确保电力系统稳定、安全、连续运行。

2. 其他应用系统

除了 SCADA/EMS 系统，电力系统运行还有若干其他应用系统，如水调自动化系统、故障信息系统、区域稳定控制系统、监控系统、保护系统等。

各种应用系统主要有以下几个方面问题：

（1）每台 IED 装置或每个应用系统自成体系，缺乏全局协调和配合，各装置或各系统的数据不一致，反映电网运行特征的数据无法有效共享，形成“信息孤岛”，使得当前系统难以有效避免连锁事故。

（2）电网运行监视、控制策略的选择是基于变电站 IED 装置的信息采集。目前 IED 装置缺乏高精度的广域同步时间基准，有些应用系统虽然装设了 GPS 但是只供本装置或本系统使用，缺乏公共的时间基准，每台 IED 装置甚至每个功能单元都是按照自己的独立时间基准运行，无法实现协调配合。

（3）各种应用系统自成一体，导致电力系统监测和控制缺乏相互协调、相互配合的机制和技术手段，需要研究如何将独立性和协调性统一起来的问题。

（4）目前为止，人们对电力系统的运行特性还不完全清楚，对发生连环事故的机理尚未分析透彻，对实现暂态稳定控制还没有有效的方法，缺乏实现电力系统协调控制的理论依据。

（四）电力系统的体系结构与主要功能

研究与应用基于同步相量测量技术的电力系统动态监控系统，既是新技术发展的必然，也是目前电力系统对于扰动控制的需求。因此，电力系统动态监控系统的研究应用为电力系统运行控制模式的应用及突破带来了新的机遇。各种应用系统信息共享标准的颁布，为有效整合电网运行信息提供了前提。

1. WAMS 体系结构

2003 年 8 月 14 日美加大停电后，美国成立了专门的工作小组，研究在互联系统中建立实时预警系统的问题，2006 年 2 月美国能源部和联邦能源协调委员会联合编写了《关于在美国东、西部联网系统建立实时输电网络监视系统》报告。

该报告指出，现有技术已经可以支持建立实时输电网络监视系统，以改善主网架运行的可靠性；逐渐成熟的技术可增加传输网络的完整性和提高调度员对于电力系统运行状况的判断力，有效地减少大停电情况的发生。

该报告提出了建立实时输电网络监视系统的 9 个步骤：

（1）明确以下内容：何为实时监视系统、应完成什么功能、如何实现这些功能。

（2）评估现有实时系统的技术及局限性。

（3）定义所需要的数据通信结构、有关安全问题及运行问题。

（4）定义所需要的数据。

（5）确定将要出现的技术。

（6）确定如何共享数据。

（7）确定谁运行、使用、维护数据。

（8）确定系统的潜在参与者。

（9）考虑费用和资金问题。

美国电力可靠性技术解决方案协会（CERTS）在白皮书中提出了基于PMU的广域测量、控制、保护系统的概念，即WAMCP，包括：①实时广域监视、分析；②实时广域控制；③实时广域自适应保护。

综上所述，基于同步相量测量技术的电力系统动态监控系统将成为未来电力系统实时运行、监视、控制系统的发展方向，系统基本可划分为系统运行状态记录、系统运行状态监视、系统运行状态控制3个部分。

2. WAMS主要功能

WAMS主要功能可分为模型参数校核、实时电力系统动态监视、电力系统动态安全在线评估和电力系统实时控制4大部分。

（1）模型参数校核

电力系统仿真计算模型是电力系统稳定分析的基础，数值仿真是系统分析和运行的主要工具，模型和参数是数值仿真的基础，模型影响仿真结果和相应的决策方案。利用在线数据进行稳定计算将成为未来的发展趋势。

利用PMU信息能够有效地辨识发电机、励磁系统、调速器系统以及负荷的参数，同时，输电线路的阻抗将随温度、气象条件等因素产生变化，在线辨识电力系统模型参数有助于精确计算系统稳定裕度。

（2）实时电力系统动态监视

由于PMU装置以25～100帧/秒的速率实时传输电力系统运行信息，如果说SCADA/EMS系统是以断面形式反映电力系统的静态特征，则PMU信息可以有效地描述电力系统的动态变化过程，主要功能体现为电力系统的动态监视，如功角稳定监视、电压稳定监视、频率稳定监视和联络线潮流监视等。对电力系统动态特征的监视是实现在线安全评估和控制的基础。

（3）电力系统动态安全在线评估

对电力系统进行动态监视，为电力系统运行安全在线评估提供了基础信息，PMU信息可以直观地反映电力系统各关键运行点的重要信息，将极大地提升状态估计精度，改善电力系统稳定裕度评估效果，并为实时控制提供技术支持。

（4）电力系统实时控制

建立基于PMU的电力系统动态监控系统的最终目标是实现电力系统运行的在线闭环控制，以目前的应用技术来看，可能实现的控制主要是：①阻尼控制和PSS协调控制；②功角稳定控制；③电压稳定控制；④失步解列；⑤广域保护等。

由于PMU数据具有很高的实时刷新频率，可以实现对于失步振荡中心位置的判断，因此，进行失步解列应是PMU很有前途的应用领域。

现代电力系统日趋复杂，这对保护电力系统稳定的第一道防线提出了越来越高的要求，要求保护装置有处理连锁故障的能力。

（五）同步相量测量技术

相量测量（PMU）装置作为未来电力系统运行控制技术发展的基础，

其技术稳定性、数据完整性、数据准确性构成了电力系统调度中心主站端对于系统扰动判别、动态监视、稳定控制等功能应用的基础。

下面主要介绍PMU装置基本概念、基本术语。

1. 基本概念

IEEE工作组在1995年提出了同步相量测量的标准IEEE1344，该标准对于同步相量测量的同步信号、传输通道、数据帧的格式等做了详细规定。

我国在2006年4月正式颁布了《电力系统实时动态监测系统技术规范》，对同步相量测量、相量测量装置、主站与子站、主站与其他系统、子站与其他系统的互联方式等提出了明确的要求；同时，对PMU数据帧的具体格式给出了详细说明。

2. 基本术语

（1）相量（Phasor）

它是正弦信号的复数等价表示法，复数的模对应正弦信号的幅值，幅角（极坐标形式）对应正弦信号的相角。

（2）同步相量（Synchrophasor）

以标准时间信号作为采样过程的基准，计算采样数据而得的相量称为同步相量。互联电力系统中各个节点的相量相互之间存在确定、统一的相位关系。

（3）相量测量单元（Phasor Measurement Unit，PMU）

用于进行同步相量的测量、输出以及动态记录的装置。

（4）相量数据集中器（Phasor Data Concentrator，PDC）

用于站端相量测量数据接收和转发的通信装置，能够同时接收多个通道的测量数据，并能实时向多个通道转发测量数据。

（5）GPS（Global Positioning System）

用于定位和提供时间信息的卫星系统，基于 GPS 的时钟精度可达 1μs。

（6）IRIG-B（Inter Range Instrumentation Group）

由国际仪器协会确定的时间传输格式，传输年、月、日、时、分、秒信息。

（7）PPS（Pulse Per Second）

由 GPS 接收器发出的 1Hz 频率方波同步脉冲信号，其上升沿与国际通用标准协调时间（Coordinated Universal Time，UTC）同步。

（8）参考相量（Reference Phasor）

正常频率下，相角相对于时间是个常量，系统频率变化时相角会发生相对旋转，相角实际反映的是发电机转子运动状况。参考相量就是反映相量相对固定关系所确定的电网中某个参考相量。

（9）相角（Phase Angle）

基于 GPS 技术的同步相量测量技术中，相角是指母线电压相对于系统参考相量的夹角。

（10）发电机内电动势（Generator Internal Electromotive Force）

同步发电机转子以同步速率旋转时，主磁场在气隙中形成旋转磁场，该磁场切割定子绕组，在定子绕组内感应对称三相电动势，称为励磁电动势，又称发电机内电动势。

（11）发电机功角（Power Angle）

发电机功角是发电机内电动势与机端电压正序相量之间的夹角，或发电机空载电动势与系统参考相量之间的夹角。

（12）频率（Frequency）

频率是电力系统的重要运行参数，是反映系统中有功功率供需平衡的重要指标。频率的定义通常以相位频率为出发点，即以无干扰信号或含干扰信号基波主分量的相位变化率来定义频率。

（六）电力系统动态监控系统架构

电力系统动态监控系统源于 PMU 应用，目前大部分系统的应用是实现电力系统动态信息的监视功能，即 WAMS 系统。下面将从 WAMS 系统的构成、PMU 信息特征、系统主要应用等方面介绍该系统架构。

1. WAMS 系统的构成

WAMS 系统由 3 部分组成：①现场 PMU 数据采集部分或相量数据集中器（PDC）数据集中部分；②基于电力通信网络的信息传输部分；③电网调度端的主站数据处理和应用部分。这 3 个部分构成了同步相量信息采集、传输、处理和应用的完整过程。

（1）数据采集

现场 PMU 信息采集装置主要采集的是所接电气元件的三相电压、电流模拟量信息，经 PMU 装置内部信息处理，输出的电压、电流、频率、功率等描述电网运行特征的信息，考虑测量精度问题，一般电流回路接测量回路电流互感器。

PMU 装置有分布式、集中式两种现场布置方式，具体采取哪种装置方式，主要视所接设备的物理运行环境而定，变电站一般采取集中式布置方式，电厂一般采取分布式布置方式。现场采集数据后需要将数据传送到电力系统调度中心。

鉴于互联电力系统的运行特点，一般现场 PMU 的信息需要传送到不同的电力系统调度，因此，PMU 或 PDC 必须具备一对多的数据传送能力。PMU 装置实时传输的是 25～100 帧/秒数据，现场保留 100 帧/秒和 COMTRADE 格式的扰动文件，以备主站调用。

对于电厂的 PMU 装置，还需要接入反映发电机内电动势的直接测量信息和 AGC 投运信息、用于模型参数辨识的励磁电流、电压信息及调速器系统的信息等，如图 2-1 所示。

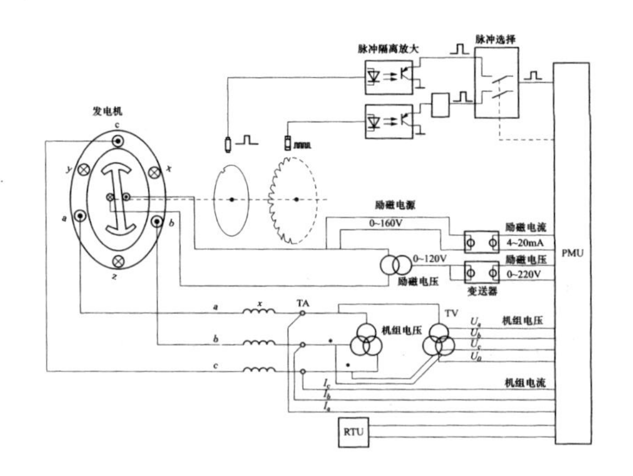

图 2-1　电厂 PMU 信息接入示意

（2）数据传送

早期 WAMS 系统基本采用 Modem 方式进行数据传送，为保证相量数据到电网调度端的实时性，调度端与现场数据采集装置的通信速率不能低于 9600bit/s。实际上常规的 FSK 制式 Modem 无法达到这个通信速率，华东电网 2000 年实施的基于 ADX3000 相量实时监测系统采用 QAM 调制方式的高速 Modem，在专线方式下满足了 56000bit/s 数据传输要求。

采用 Modem 方式进行数据传送的缺点是延时长、通信误码率高、数据传输量有限。PMU 数据传输具有以下几个基本特点：①数据量大，随着动态监视系统的重要性被逐步认识，建设规模日益扩大，传输的数据也将大幅增加；②数据通信频繁，实时性要求高，实时数据传输一般为 25～100

帧/秒；③数据流持续不断，一旦数据通道拥堵，后续数据会进一步加剧通道的拥堵程度。近年来，电力调度数据网络的建设为 WAMS 系统的数据传输提供了很好的信息传输基础。

PMU 装置的数据传输支持 UDP 和 TCP/IP 协议。TCP/IP 提供的是一种基于连接的流式数据传输，数据按顺序不重复地到达目的地，具有确认、流控制、多路复用和同步等功能的全双工字节流服务。UDP 提供不基于连接的数据包通信方式，既不能保证每次数据发送的成功率，也不能保证按发送顺序到达或不被重复发送，适用于图像、声音的传送。因此，对于 PMU 信息的传输，必须采用 TCP/IP 协议。

（3）数据处理和应用

电网调度主站需要对 PMU 实时数据进行处理，在此基础上为各种应用提供数据支撑，因此，WAMS 主站系统结构体系由硬件层、操作系统层、支撑平台层和应用层 4 个层次组成。

2. PMU 信息特征

同步相量测量主要解决的是跨空间测量的同时性问题，需要在全局统一时钟协调下，对各测点的电压、电流相量作同步测量，以确保全局范围内的测量结果具有同时性，便于分析计算。因此，其精确度由异地同步精确度和本地测量精确度两个方面构成，受幅值、频率和相位这 3 个重要参数的影响。

PMU 从发电厂和变电站母线的电压互感器（TV）和线路的电流互感器（TA）上采集母线电压和线路电流的瞬时值，PMU 数据有两种基本类型：①25～100 帧/秒基波相量，实时传送到电网调度中心的主站，供各种应用分析和实时动态显示；②以 COMTRADE 格式记录的扰动数据文件存储在就地 PMU 装置中，用于事后进行电网扰动分析、模型参数辨识等。在主站 PMU 数据前置处理过程中发现丢帧现象时，主站可以召唤就地存储的 100 帧数据进行补帧，以保证数据的完整性。

COMTRADE 格式的扰动文件以 PMU 装置的采样频率进行数据记录，因此，数据记录量非常大，一般只记录事故前后短时间内的数据。其记录特点是连续循环记忆，并且要有故障启动信号，发生扰动后会产生记录号。扰动文件的传输一般采取主站调用方式。

PMU 在数据传输方式上由 3 个管道实现，即管理管道、数据管道和文件管道。其中，管理管道实现对规约通信的控制，在管理管道中传送的报文包括召唤并传输 CFG1 帧、召唤并传输 CFG2 帧、下装 CFG2 帧、启动和停止数据管道、启动录波、终端复位、心跳命令等。CFG1 为 PMU 的原始传送集，CFG2 为主站根据定义表下发的传送集，CFG2 是 CFG1 的子集。数据管道实现对 25~100 帧/秒实时数据的接收。文件管道实现非实时数据文件和文件目录的传输，以及下装文件的功能，该管道在正常情况下离线，存取文件时才建立。

作为供 WAMS 系统监视和分析使用的动态数据源，PMU 有利于促进电力系统分析从静态转向动态、从离线转向在线，实现经验型调度向分析型、智能型调度的转变，最终实现闭环控制和最优控制决策下的系统优化运行。

3. 系统主要应用

PMU 的数据特征决定了所实现的功能不仅仅是 EMS/SCADA 系统的信息冗余，WAMS 系统实际上是目前 EMS/SCADA 系统的有机补充，其核心在于通过对 PMU 数据的处理，有效地实现安全预警和在线协调控制，以减小电网发生大面积事故的概率。

利用 PMU 提供的信息可及早辨识电网发生扰动的信息，提高电网的可用率；利用基于 PMU 数据分析的在线稳定评估工具，使电网运行更接近稳定极限，可有效地增加输电线的传输容量，减少事故发生时所切负荷量。

具体应用可划分为 4 个方面：①电网模型参数辨识；②电网动态监视；③电网在线安全评估；④实时在线稳定控制。

（1）电网模型参数辨识

1996 年 8 月 10 日美国西部大停电后，WSCC 利用 PMU 信息进行仿真计算，发现仿真模型分析结果与实际数据有非常大的差异，最后对仿真模型做了如下调整：①增加直流输电包括控制的详细模型；②增加 AGC 功能；③阻塞大型汽轮机组调速器的调速功能；④增加哥伦比亚地区水轮发电机的调压功能；⑤送端（美国西北部和加拿大）的负荷模型由静态（指数型）改为电动机。这样，才获得了与实际比较接近的仿真计算结果。

由此可见仿真系统模型参数对于实际电网稳定运行分析的重要性，从此，电网模型参数辨识问题被重视起来。为了验证系统模型参数的准确性，WACC 专门成立了工作组，负责电网模型参数验证工作，以期通过系统扰动变化及试验等方式记录、分析系统模型参数。

与电网离线仿真计算相关性比较大的电网模型参数就是常说的“四大参数”，即发电机、励磁系统、调速系统、负荷模型参数，利用 PMU 在系统扰动时所记录的信息，一定程度上可以辨识上述参数，并通过逐次修正的方式使仿真计算使用的电网模型参数比较真实地反映系统的实际情况。

（2）电网动态监视

PMU 的数据特征决定了其反映电网扰动特性的能力，PMU 信息能有效地描述电网扰动动态过程，这对于仅反映电网静态特征的 EMS/SCADA 实时系统是个很好的补充。对电网扰动的监视主要体现为功角监视、电压监视、频率监视、联络线潮流监视等。

①功角监视。功角监视就是通过 PMU 安装地点所获得的发电机功角信息，依据稳定判断机理，反映系统动态情况，通过系统中不同地点的功角差衡量系统静稳裕度，并根据预先提供的稳定极限值实现运行监视功能。

②电压监视。PMU 提供的信息可以实现电网电压幅值监视、发电机及输电线路无功监视。目前就地处理电压稳定问题的措施主要有投切电容器、电抗器，低频减载等，信息量主要来源于就地测量，控制策略的设定是离线确定，其效果具有局限性。

PMU 可以以很高的速率测量系统中不同地点的电压，而负荷节点可以提供电压稳定方面的信息，进而确定电压稳定指数。

对具有确定的传输功率的两端系统来说，最大的送电条件是电源的电压等于负荷电压，因此，可以通过实时测量传输通道两端的电压值来实现输电通道传输容量裕度的有效监视。

③频率监视。电网频率监视必须采集至少 3 个不同互联电网的 PMU 量测频率，频率的监视精度应达到±0. 001Hz。频率监视主要应用在互联电网频率响应系数监视、机组一次调频响应监视等方面。

④联络线潮流监视。对系统主要联络线进行潮流监视，可以在系统主要联络线潮流发生异常变化时及时通知调度人员，做出紧急处理。同时，

利用联络线 PMU 提供的两侧电流、电压信息，可以实现导线平均温度的实时估算，以确定合理的线路热稳定极限。

随着交流互联电网的发展，负阻尼引起的低频振荡现象已屡见不鲜，而联络线 PMU 所提供的信息可以实现对于低频振荡的有效辨识，为调度员处理事故提供依据。

（3）电网在线安全评估

PMU 的量测信息可以有效实现电网动态状况监视，在此基础上应用适当的算法和工具，可以实现在线电网稳定控制裕度的评估和分析，具体体现在以下几个方面：

①频率稳定性评估。以往在正常频率波动时对于频率稳定的控制手段主要有机组一次调频、AGC 控制，若频率低于 49Hz，将启动低频减载系统（或被称为第三道防线），通过切除一定量的负荷来维持系统频率稳定。频率控制策略主要依据离线计算分析结果来确定，这样必然会对实际控制带来负荷过切或切不足的问题。利用 PMU 信息，可以实现系统频率稳定度预测，避免传统低频减载控制方案的局限性，控制决策可基于在线测量结果确定。

②低频振荡评估。提高系统稳定水平的快速励磁系统会产生负阻尼，负阻尼会引起系统低频振荡，PMU 信息可以有效地辨识系统发生的低频振荡现象，应用 Prony 等算法可以找出振荡模式和主振频率，为全局性的 PSS 协调控制提供依据。

③传输通道电压稳定评估。传统的电压稳定控制策略就是在电压低到一定值后由低压继电器切除相应的负荷（即降压减载），来维持电压稳定水平，其动作机理与低频减载相似。主要问题在于低压减载的设定值是依

据离线计算结果而定的，并不能适应电网实际运行变化状况。实际上，输电线接近最大送电运行极限时电压仍然可能非常接近正常电压值，因此，电压并不能作为输电负荷极限的表征。

用戴维宁等效电路描述输电通道的状况如图 2-2 所示。

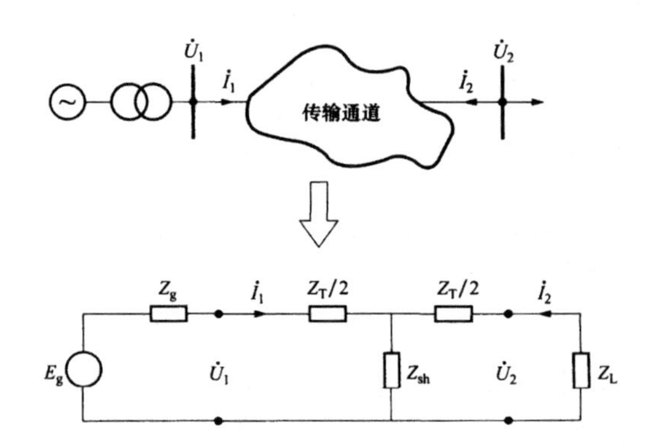

图 2-2　用戴维宁等效电路描述输电通道的状况

利用安装在输电通道两侧的 PMU 可以直接获取电流、电压相关信息，由此可以确定输电通道实时运行的传输容量裕度。

④全网电压稳定评估。全网电压稳定评估需要有充分的信息，因此，对于电网中的电压主导节点，必须配置相应的 PMU 装置，利用 PMU 信息及在线电压稳定评估工具 VSAT，可以观测 PMU 安装地点的电压稳定裕度。

⑤输电线温度监测。这里主要考虑热稳定引起的输电容量受限问题。一般线路热稳定极限是在较高的环境温度、无风等严酷的条件下得出的，但这种情况很少在实际运行中遇到，且多数情况下传输容量超过热稳定极限仍然可以维持可靠运行。利用输电线路两端 PMU 所提供的电流、电压信息，可以测量线路电阻的变化情况，可以获得线路平均温度信息。

（4）实时在线稳定控制

利用 PMU 信息所能实现的控制具体有以下几个方面：

①暂态稳定控制。PMU 装置能实时获取发电机的内电动势信息，因此，WAMS 系统可以追踪电网动态变化，在检测到暂态摇摆时利用数据窗分析是稳定摇摆还是失步摇摆，并据此切除某些发电机。对于第一摆的暂态稳定问题，控制命令的时间必须在 1~1.5s，即第一摆达到最高点之前。

PMU 的量测和数据传送时间延时一般在 150ms 以内，因此，根据 PMU 的量测信息实现暂态稳定控制就控制目标的时间上具有实现的可能性。

②频率稳定控制。频率稳定控制将主要体现在系统发生大扰动时，采用简化的基于电压和频率变化的负荷模型能够迅速判断扰动后的系统频率，如果频率偏差较大则可以迅速采取措施，恢复系统频率。

控制策略的实施必须充分考虑网络结构、特点以及电网与电场频率异常控制策略的协调性，且必须在计算出扰动后的频率时尽快采取措施。

③电压稳定控制。鉴于就地电压稳定控制策略的局限性，利用 PMU 实现电压稳定控制将会有广阔的应用前景。电压稳定控制需要考虑短过程电压稳定和长过程电压稳定情况，BPA 制定了利用模糊逻辑理论在几十秒内实现电压稳定控制的方案。

④低频振荡控制。低频振荡频率一般为 0.1~2Hz，本地振荡频率一般为 0.7~2Hz，区间振荡频率一般为 0.1~0.7Hz。这里需要关注的是区间低频振荡的辨识和控制，利用 PMU 装置可以实现低频振荡模式的在线识别，由于振荡周期为 1.7~10s，因此，有足够的时间实现开环控制或全局性 PSS 协调控制，从而有效地抑制互联电网的振荡现象。

⑤联络线输送容量优化控制。输电通道的 PMU 信息可以监测、估算线路的平均温度，因此，可以优化基于热稳定的输电线路传输容量。

（七）系统的布点原则

这里根据 PMU 数据的特征，以及 WAMS 系统对于电网动态监视功能的需求等，从系统功角稳定性、电压稳定性、频率稳定性、低频振荡的在线监视、系统主网架状态估计可观测性以及在线监视主要联络线潮流断面信息等，系统地提出 WAMS 系统应用中 PMU 的布点原则。

目前 WAMS 系统的各项应用功能处于探索阶段，系统的功能需要在试点应用基础上逐步拓展，系统建设初期通常仅选择部分地点安装 PMU 装置。因此，如何使 PMU 布点最大限度地捕捉系统内可能出现的动态，得到满足 WAMS 系统各种应用需求的 PMU 布点最小集，便成了 WAMS 系统建设首要考虑的问题。

接下来从以下几个方面讨论 PMU 布点原则：

1. 暂态安全监视

对大扰动引起的暂态功角失稳现象进行有效观测，有助于故障识别和安全预警，为制订和采取紧急控制措施提供帮助。暂态功角失稳的判断依据主要是关键元件如发电机功角、线路相角差等的状态异常。PMU 的布点方案应能基本捕捉到整个电网内机组在各种运行方式和故障下的动态响应情况。

（1）基于主导不稳定平衡点的监视

从稳定域边界理论角度来看，暂态功角失稳现象与主导不稳定平衡点的不稳定模式密切相关。可根据动力系统理论，研究输出信号对于不稳定模式的可观性，PMU 布点应满足主导不稳定平衡点的分析原则。

（2）基于临界割集的监视

从稳定性分析理论的角度来看，暂态功角失稳现象可通过临界割集的割集能量函数来分析，所以 PMU 布点应满足割集对于不稳定模式的可观性原则。

2. 电压监视

PMU 可高精度连续记录系统电压动态，因此，可获取系统电压动态响应信息，完成对系统电压稳定和电压暂降的监视和控制。

一般来讲，在电压中枢点或电压主导节点配置 PMU 具有合理性。电压中枢点或电压主导节点的选择基本原则：在所有可能的故障下，这些节点的电压动态应能准确反映全系统电压动态。因此，就电压动态监视而言，寻找系统内的电压薄弱点是 PMU 布点的关键，通常可将暂态电压稳定性和暂态电压可接受度等作为计算依据。对互联电网故障集内的所有故障进行仿真，获得尽可能多的电压动态模式，在此基础上寻找统计概率上的暂态电压安全裕度最小的节点集合，作为 PMU 布点依据。同时，可根据平均暂态电压安全裕度的排序结果，获得 PMU 安装优先次序。

3. 频率监视

SCADA 系统的信息为秒级，通常不能有效捕获由大机组跳闸、区外来电失去等因素引起的系统频率暂态变化过程，而这种过程对于分析电网的频率响应特性又十分关键。因此，若能通过 PMU 信息获取系统扰动时联络线断面潮流以及联络线两侧系统频率的变化，将有助于计算、分析电网的频率调节系数，以及分析电网内频率响应系数设置的合理性。

频率响应系数反映的是所控制区域对功率及频率的自动调节能力。如果所控制区域的频率响应系数设置过大，则该区域内的负荷变化可能会引起ACE大的变化，即功率调节需求已经远大于该控制区域发电机组的调节能力；如果频率响应系数设置过小，则该控制区域内的频率及功率自动调节作用难以充分发挥，进而造成资源浪费，对整个电力系统的频率调节不利。

互联电网控制区域频率响应系数的确定，通常以所在区域发生大的频率变化为依据，且以区域净交换功率在扰动前后的变化和系统频率变化量之比作为区域的频率响应系数。

利用PMU信息，可实现上述目的的系统关键点频率监视，并获得有关系统频率响应系数的实时信息，为事后分析和其他应用提供基础条件。

4. 低频振荡

现代互联电网的规模越来越大，大区电网间的低频振荡现象时有发生。低频振荡现象发生的机理和原因很复杂，通常表现为系统内某些发电厂机组间的功率振荡特征，因此，从监视低频振荡角度考虑，需对发电厂以及部分变电站提出布点需求。低频振荡现象的在线监视具有重要的实际应用价值。

一般可利用SSAT（小扰动稳定分析）软件，通过模式分析方法，分析电网主要低频振荡模式，对于阻尼较弱的振荡模式，对与其强相关的发电厂进行布点。为了更好地监视低频振荡，通常还需要在系统内主要联络断面的两侧进行布点。图2-3所示的系统中，如果发电机群甲和发电机群乙之间存在区间模式的低频振荡，则通常会在上一个典型的互联系统示意图中两个机群的联络线上表现出相应的功率振荡。因此，从该意义上讲，在站点A和（或）站点B布点PMU，可对系统内的低频振荡动态进行捕捉、监视以及进行事后系统安全分析。

图 2-3　一个典型的互联系统

5. 可观测性

PMU 可以在一定程度上优化 EMS 系统的状态估计结果，从这个意义上说，PMU 布点应能保证系统主网架系统各母线状态可观测。

6. 重要输电断面

PMU 技术的出现以及调度数据网的建设，使得利用 PMU 技术和可靠的通信网络实现广域保护（WAP）成为 PMU 技术应用的研究重点。广域保护（WAP）实际上是一个区域稳定控制的概念，主要体现为通过监视、分析不同重要断面的 PMU 信息，实现在线稳定裕度分析和区域稳定控制。

值得注意的是，目前线路热稳定问题是制约电网输电能力的主要因素，主要表现为当同方向并列运行线路或并列运行主变压器任一元件跳闸时，其他元件潮流会超过规程规定的设备热稳定水平。通过对一些重要联络线断面进行有效监视，利用 PMU 的丰富信息建立相关模型，可以有效地分析线路的载流量裕度。

综上所述，PMU 应用布点应从 WAMS 可实现的应用的需要出发，依据系统的可观测性、主导电压模式（电压安全裕度）、低频振荡监视和频率的时空分布特性以及保证主要联络线站点信息必要的冗余度等原则实施。

（八）系统的可视化技术

电力系统运行监视是一个多环节过程，包括数据采集、数据处理、数据显示和人机交流 4 个部分，如图 2-4 所示。

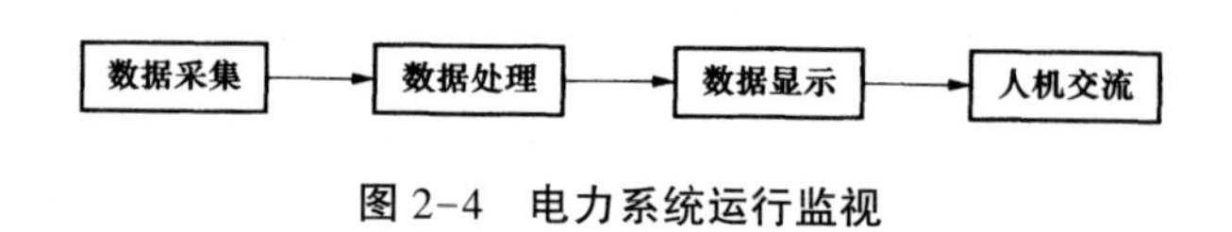

图 2-4　电力系统运行监视

基于 PMU 的电网动态监视系统应借鉴和遵循信息论、人机工效学的基本原理，分析调度员在电网监视中的人机交流过程即人机信息处理过程，提出适应人机信息交流的改进模型。

1. 系统的信息模型

WAMS 系统的抽象信息模型如图 2-5 所示。其中，电力系统作为认识客体，调度员作为认识主体，因此电力信息的运动至少包含以下 4 个基本过程。

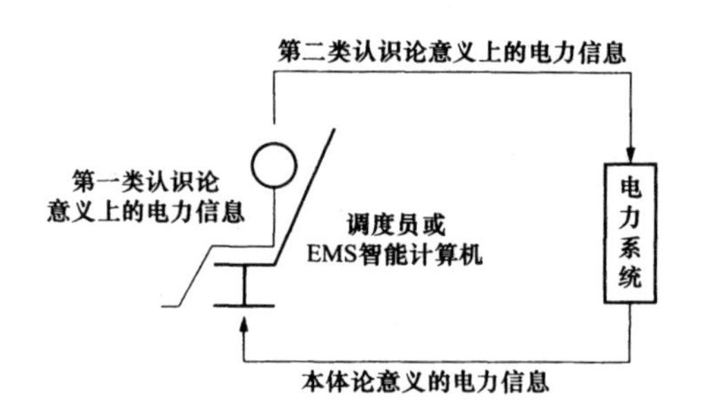

图 2-5　WAMS 系统的抽象信息模型

（1）电力系统产生本体论意义的电力信息，即电力系统运动的状态和方式，是“电力信息的产生”。

（2）这些本体论意义的电力信息被 PMU 实时采集，并被 WAMS 系统或调度员感知，称为第一类认识论意义上的电力信息，如功角、频率、电压、潮流等信息，是“电力信息的获取”。

(3) 第一类认识论意义上的电力信息经 WAMS 系统或调度员处理后，再生出反映主体意志的更加本质的信息，称为第二类认识论意义上的电力信息，如稳定裕度报警、低频振荡、优化控制策略等，是“电力信息的再生”。

(4) 第二类认识论意义上的电力信息反作用于电力系统，改变电力系统的运行状态，第二类认识论意义上的电力信息的目标是使电力系统的运行变得更加安全、优质和经济，是“电力信息的施效（或控制）”。

2. 可视化功能

可视化最主要的特点就是用图像方式而非数据方式直接显示电网运行的关键信息。

可视化的应用基本可以分为两维可视化和三维可视化，其适用场合有所不同。

(1) 两维可视化

两维可视化的主要应用体现在以下方面：①对于关键联络线潮流的监视用饼状图显示；②用量测裕度进行运行母线的电压监视；③用轮廓图表示所关注的母线附近电气量信息的变化情况。

①关键联络线潮流监视。关键联络线潮流监视是 WAMS 系统应用的重要功能，可以用饼状图来显示关键联络线潮流与稳定运行限额之间的关系。实际系统中可以用不同的颜色来表示潮流离开稳定控制限额的裕度状况，其中，蓝色表示潮流安全，当潮流超过稳定限额的 85%时用橘黄色预警。这种方式将给调度员提供非常直观的信息，有利于调度员及时控制关键联络线的潮流情况。

②电压幅值监视。电网运行母线电压幅值的监视有上下限额，因此，

可以用量测裕度方法来描述，电压监视值的设定，可以利用控制电压值和考核电压值。图 2-6 为以不同灰度表示的电压幅值监视图。

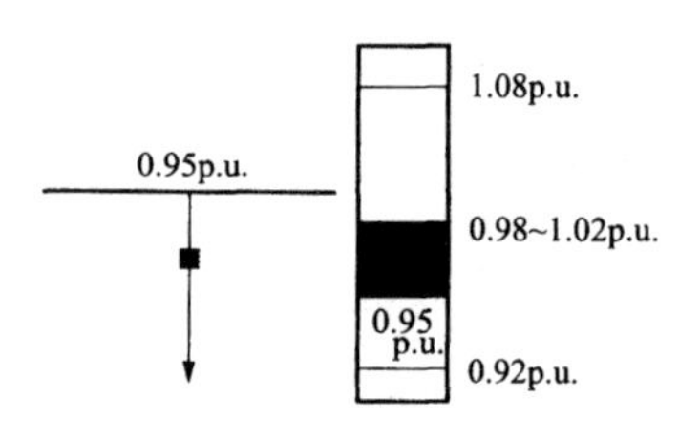

图 2-6　电压幅值监视图

（2）三维可视化

为了更好地描述时间因素对于系统紧急状态的影响，可以在可视化维数中增加时间信息，从而形成三维可视化图。

不难看出，可视化工具通过对 PMU 数据进行处理，可以为调度员提供更直接的电网动态情况监视和评估结果，有助于调度员迅速判断系统情况或变化趋势，及时处理系统异常情况。因此，可视化功能应作为 WAMS 系统应用的主要功能之一，但对于可视化技术的采用必须以简洁明了为原则，要突出重要信息的可视化，并具备具体操作的可能性，如关键联络线潮流可视化并显示具体潮流数值，这样调度员就可以据此进行电网稳定运行控制的具体操作等。

第二节　智能变电站

变电站担负着变换电压等级、汇集电流、分配和控制电能的职责。随着光电技术、网络通信技术、信息技术、电子技术等相关领域最新研究成果的出现，电子式互感器、智能高压电器、高速网络通信技术等的发展，智能变电站出现了。相较于传统变电站，智能变电站更加可靠、高效、开放，智能变电站的应用将会对电网的安全运行及电力企业的节能减耗提供有力的支撑。

一、各阶段变电站的概念及体系结构

变电站的发展经历了常规变电站、综合自动化变电站、数字变电站、智能变电站几个阶段，其中，智能变电站是电力系统自动化技术发展的重大变革。下面主要介绍综合自动化变电站、数字变电站、智能变电站。

（一）综合自动化变电站

综合自动化变电站采用了变电站综合自动化技术，利用先进的计算机技术、现代电子技术、通信技术和信号处理技术，实现对变电站主要设备和输配电线路的自动监视、测量、控制、保护以及通信调度等综合性自动化功能。综合自动化变电站系统，可以收集到所需要的各种数据信息，利用计算机的高速计算能力和逻辑判断能力，监视和控制变电站的各种设备。

传统综合自动化变电站系统的结构主要有集中式和分布式两种。但传统综合自动化变电站系统越来越不能满足智能电网的发展要求，主要存在以下问题：①互操作问题；②一次设备数字化、信息化的问题；③信息共享的问题；④可扩展性差的问题。

（二）数字变电站

通信技术、计算机技术、测控保护等技术的发展，为数字变电站的形成奠定了坚实的技术基础。特高压、大容量、超大规模电网的逐渐形成，对电网安全、稳定、可靠、控制、信息交流等提出了更高的要求。

数字变电站主要的技术特征有：①以数字化新型电流和电压互感器代替常规电流和电压互感器；②将高电压、大电流转化为低电平信号或数字信号，实现一、二次设备的有效隔离；③利用高速以太网构建变电站数据采集及传输系统，实现跨变电站、区域电网的保护和自动协调控制；④基于 IEC 61850 标准进行统一信息建模，实现互操作性；⑤采用智能一次设备，使用统一通信标准。

（三）智能变电站

智能变电站是采用先进、可靠、集成、低碳、环保的智能设备，以全站信息数字化、通信平台网络化、信息共享标准化为基本要求，自动完成信息采集、测量、控制、保护、计量和监测等基本功能，并根据需要可实现电网实时自动控制、智能调节、在线分析决策、协同互动等高级功能的变电站。

1. 智能变电站的设计原则

为满足未来智能电网的发展要求，智能变电站应遵循以下设计原则：

（1）遵循 IEC 61850 变电站通信标准，实现分层系统结构。

（2）应用电子式互感器和智能高压电气设备技术，实现一次设备的数字化、信息化。

（3）基于高速工业以太网技术实现过程总线和站级总线，达到全站信息共享的要求。

（4）全站整体配置保护和控制功能，不仅仅局限于间隔之内。

（5）按照实际需求整合自动化功能，使系统结构更加简单、可靠。

（6）全站统一的授时系统。

（7）采用先进的通信标准规约，保证装置的互操作性。

（8）针对智能变电站发展不同阶段和不同应用来选择、设计不同的系统架构解决方案。

2. 智能变电站的体系结构

遵循 IEC 61850 标准的智能变电站采用了三层结构，分别是站控层、间隔层和过程层，如图 2-7 所示。

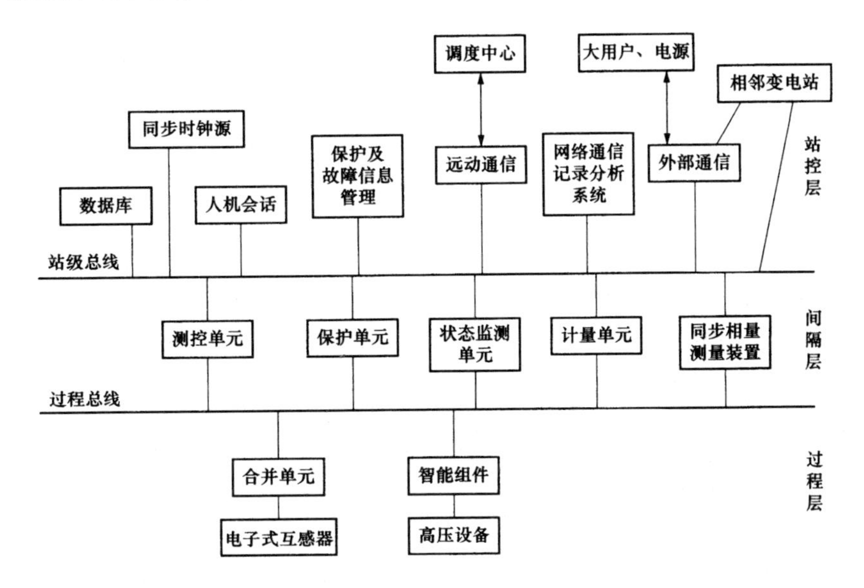

图 2-7　遵循 IEC 61850 标准的智能变电站的三层结构

3. 智能变电站的结构形式

由于相关技术的发展水平和应用需求不同，智能变电站在发展的不同阶段出现了不同的结构形式。

（1）“点对点”结构的智能变电站

传统变电站在结构上就是按照间隔划分的“点对点”结构，因此“点对点”结构的智能变电站系统实现最为简单，目前大多数智能变电站方案采用的也是“点对点”结构，其结构示意如图 2-8 所示。

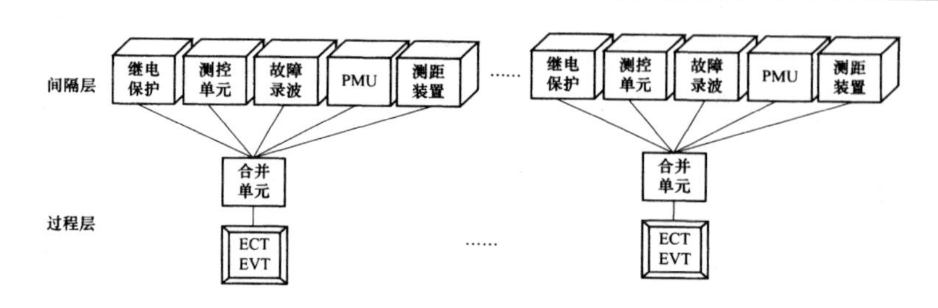

图 2-8 “点对点”结构的智能变电站结构示意

（2）基于网络交换机的分布式智能变电站

用工业以太网交换机实现过程总线，可以共享过程层信息。该方式系统结构如图 2-9 所示。

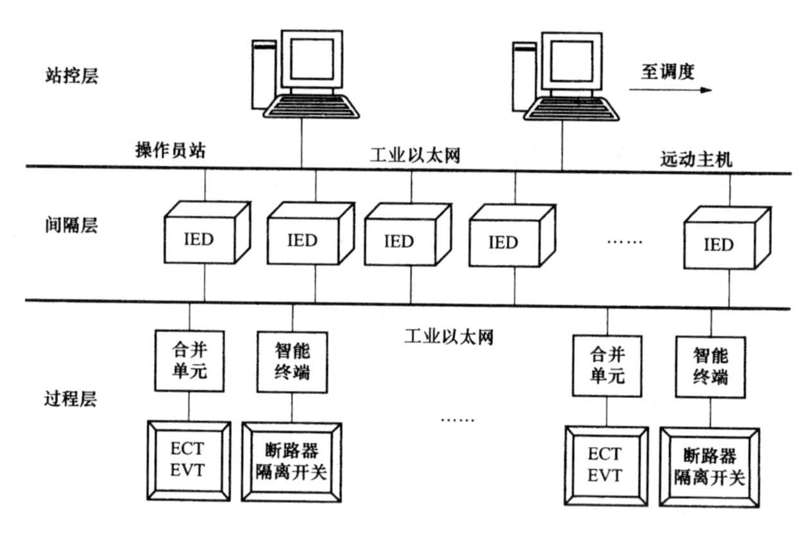

图 2-9 基于网络交换机的分布式智能变电站系统结构

该方案的特点是采用交换机实现网络通信，简化了光纤接线，为过程层数据共享奠定了基础；在此基础上，容易实现母差保护等功能，很好地发挥了智能变电站在信息交换方面的优势。

（3）过程层分布采集、间隔层集中控制的智能变电站

该智能变电站的模式是：过程层采用分布式结构，通过合并单元和智

能终端实现数据采集；间隔层集中处理，采用系统控制器实现全站保护和自动化功能；站控层用以太网交换机来实现信息共享。

4. 智能变电站的技术特征

智能变电站采用了计算机、控制、软件、信息等相关领域的最新技术，与传统变电站自动化系统相比发生了巨大变化，具有如下鲜明的技术特征：

（1）智能化的一次设备。

（2）网络化的二次设备。

（3）符合 IEC 61850 标准的变电站通信网络和系统。

（4）信息化的运行管理系统。

二、IEC 61850 标准及其关键技术

变电站的发展，提出了在 IED 之间高效通信的要求，特别是标准协议要求。由于不同厂家使用不同的远动通信规约，变电站自动化设备采用的计算机控制技术存在通信协议多样性、信道及接口标准不统一、系统集成度低以及设备互通互联等问题，加之计算机 CPU 处理能力和存储容量提高、通信互联技术迅猛发展以及面向对象方法问题的解决和电力市场化的要求，国际电工委员会 IEC TC57 技术委员会在 2004 年正式颁布了国际标准 IEC 61850，内容涉及变电站内的信息模型与服务规范、通信映射和系统集成，该标准对保护和控制自动化产品与变电站自动化系统的设计、生产、实施将产生深远的影响。

（一）IEC 61850 标准概述

1. IEC 61850 标准内容

IEC 61850 除了定义变电站自动化系统的通信要求和数据交换，还对整个系统的通信网络结构、对象模型、项目管理控制（组织、配置、文档和安全运行）、测试方法等做出了全面、详尽的描述和规范。IEC 61850 的构成如下：

①IEC 61850-1 基本原则；

②IEC 61850-2 术语；

③IEC 61850-3 一般要求；

④IEC 61850-4 系统和工程管理；

⑤IEC 61850-5 功能和装置模型的通信要求；

⑥IEC 61850-6 变电站自动化系统结构语言；

⑦IEC 61850-7-1 变电站和馈线设备的基本通信结构——原理和模式；

⑧IEC 61850-7-2 变电站和馈线设备的基本通信结构——抽象通信服务接口；

⑨IEC 61850-7-3 变电站和馈线设备的基本通信结构——公共数据级别和属性；

⑩IEC 61850-7-4 变电站和馈线设备的基本通信结构——兼容的逻辑节点和数据对象；

⑪IEC 61850-8-1 特殊通信服务映射（SCSM）到 MMS（ISO/IEC 9506 第 1 部分和第 2 部分）；

⑫IEC 61850-9-1 特殊通信服务映射（SCSM）——通过单向多路点对点串行通信链路的采样值；

⑬IEC 61850-9-2 特殊通信服务映射（SCSM）——通过 ISO/IEC 8802-3 的采样值；

⑭IEC 61850-10 一致性测试。

IEC 61850 标准的核心内容：①信息模型及抽象服务接口。采用面向对象的分析方法和实现手段，主要是信息对象模型的建立以及围绕这些信息模型的抽象通信服务原语。②SCSM 特定通信服务映射。主要研究从映射到特定通信协议栈的实现，主要的映射协议栈有制造报文规范 MMS 和基于 IEEE 802.3 的快速通信体系。③系统集成技术。理想的变电站自动化系统除了功能设计上要先进，系统集成和生命期内的管理也非常重要。系统集成就是满足特定用户需求的变电站自动化系统工作过程。使用标准化的、基于通用商业软硬件的工程化工具和支持工具，有利于增强系统的可维护性和可靠性。

2. IEC 61850 的目标

IEC 61850 的目标是最大限度地使用现有的标准和被广泛接受的通信原理，通过识别和描述变电站运行功能，分析运行功能对通信协议要求的影响，将应用功能和通信分开，对应用功能和通信之间的中性接口进行标准化处理，允许在变电站自动化系统的组件之间进行兼容性数据交换。

IEC 61850 几乎涵盖了变电站现有的所有功能和数据对象，并提供了扩展性的逻辑节点方法，规定了数据对象代码的组成方法，定义了面向对象的服务。这 3 部分的有机结合解决了面向对象自我描述的问题，可以满足不同用户和制造商传输不同信息对象和应用功能发展的要求，是实现功能设备间互操作性的必要前提。

3. IEC 61850 标准的特点和优点

IEC 61850 的主要特点是用于实现开放式网络体系，满足现在以及未来设备和系统间的通信要求。其优点主要体现在通信、体系结构和性能等方面。

（二）IEC 61850的对象建模技术与对象模型

IEC 61850的特点是采用了面向对象的分析方法和实现手段，通过虚拟、抽象、封装等手段，为现实世界中的具体对象建立完整的变电站信息模型，以及围绕这些信息模型生成抽象通信服务原语。

1. 面向对象的定义及其优点

把需要解决的问题（系统）分成不同的部分，各部分还可以划分成不同的子部分，直到划分为不可分割的最小单元，各部分、子部分和最小单元都可作为一个对象。此对象包含用以描述问题的数据和行为，问题的解决可以看作对象间的相互联系和作用。“面向对象”大多是指把一组对象中的数据结构和行为紧密结合在一起形成组织系统，应贯穿系统分析、设计、实现的全过程。变电站自动化系统内的面向对象应用，主要是通过对象和对象间的通信来实现变电站自动化通信等功能。

采用面向对象技术建模的优点如下：

（1）将数据和行为封装在一起，外界只能通过接口对数据进行操作，从而增强了系统的健壮性。

（2）实现了模型的可重用性，标准化的模型间的继承、派生关系使得系统设计更加容易。

（3）模型独立于具体设备，从而可以采用统一的建模语言和方法，减少了工作量。

（4）类集的使用简化了系统的重构和扩充。

（5）对象内部的问题由对象解决，降低了系统的负责程度，便于维护。

（6）通信和应用数据相对独立，对数据维护、扩展、计量等方面的支持具有高度的灵活性。

2. 对变电站自动化系统的抽象建模

IEC 61850 标准是以变电站自动化系统中具有数据交换能力的最小功能单元即逻辑节点为对象进行建模的。几个逻辑节点构成一个逻辑设备，一个或多个逻辑设备被分配给一个特定的专用设备，即智能电子设备。

对于具体的设备，可以在计算机中用相应的逻辑节点来表示和代替，其定义包含设备的状态及运行模式等数据，这些数据通过 ACSI 的抽象服务接口变成可视和可访问的，与其他设备和数据进行信息交换。服务通过某个特定而具体的通信方式实现，即 SCSM（例如，使用 MMS、TCP/IP、以太网等）。在实际设备和真实数据的虚拟镜像中要进行配置，以选择合适的逻辑设备以及所包含的数据，并赋予它们特定的实例值。

IEC 61850 标准采用面向对象技术建立了电力系统的大量公共设备组件模型，定义了公共数据格式，标识以及描述公共设备功能。面向对象的建模是构建变电站综合自动化系统通信体系的基础，其由 IEC 61850-7 来规范，其定义的兼容逻辑节点基本涵盖了变电站所有功能。

构成变电站自动化通信模型的层次结构包括服务器、逻辑设备、逻辑节点、数据对象和数据属性等。

逻辑节点是变电站内 IED 间通信的最小单位，是实现互操作性的关键。逻辑节点间相互通信，解释并处理收到的信息。逻辑节点通过逻辑连接在其间进行数据交换。逻辑节点之间的数据通信是通过数千个单独的信息片交换来描述的，信息片的属性用以说明交换的信息和通信要求。属性包含性能要求、逻辑节点分配和操作的状态及原因。信息片仅仅用来描述数据交换，它与具体设备无关，并且不反映在通信网络上传输数据的实际结构和格式。面向对象技术的使用实现了消息的自我描述，消息的自我描述中携带了大量信息，如数据、发送节点、目的节点、时间标记、种类等，易于识别。

IEC 61850 标准规定了多种逻辑节点和数据对象模型，逻辑节点可以根据需要在物理设备上灵活分布，实现相应的功能。由于对数据对象规定了统一命名和扩展方法，因而在系统中对数据的访问是唯一的，设备也就具有自我描述的能力。

（三）抽象通信服务接口（ACSI）和特定通信服务映射（SCSM）

IEC 61850 标准采用抽象通信服务接口（ACSI）和特定通信服务映射（SCSM）方法来实现变电站自动化系统功能。ACSI 服务需适用于各种不同特征的应用层（这里的应用层是指 ISO/OSI 七层参考模型的应用层），ACSI 客户/服务模型的全部服务请求和响应需通过协议栈进行通信，IEC 61850 标准采用 SCSM 实现 ACSI 服务到不同协议栈的映射。

IEC 61850 通过抽象通信服务接口（ACSI）来实现通信协议与应用及通信介质的分离。IEC 61850 的通信基本参考模型如图 2-10 所示。

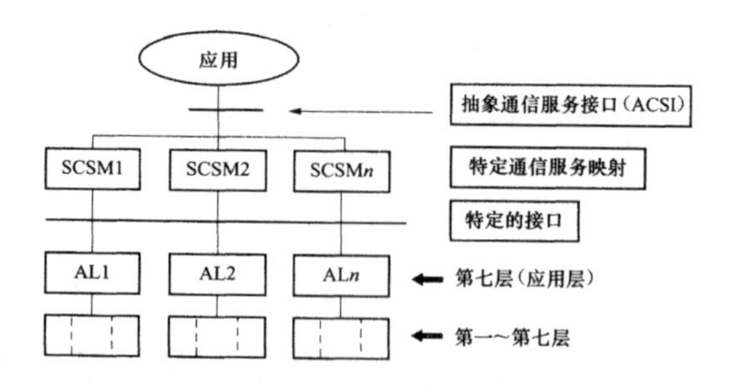

图 2-10　IEC 61850 的通信基本参考模型

ACSI采用抽象的建模技术，为变电站设备定义公共应用服务，从而提供通过虚拟镜像访问真实数据和真实设备的途径。虚拟的概念可用于描述设备的全部行为。任何设备、控制器，甚至是SCADA系统、维护系统或者工程系统，都可以使用ACSI服务进行互操作。

ACSI中的抽象概念包含两个方面：一是ACSI提供了用来定义变电站特定信息模型的说明；二是提供了信息交换服务模型的说明。

ACSI通信方法有两种：点对点对等通信模式和客户服务器模式。点对点对等通信模式用在对时间响应要求高的通用变电站时间服务和传输采用测量值服务。客户服务器模式可以由许多种类的通信系统来连接，通信介质也有物理上和使用上的限制，例如有限的波特率、有限的使用时间和卫星中继的延迟。

SCSM是为ACSI服务和为对象提供实际通信协议栈，实现设备间互操作的具体映射的标准化过程。SCSM应详细说明抽象服务转为协议特定的单个服务，或取得在ACSI中规定的序列服务。此外，SCSM应详细给出ACSI对象到应用协议支持对象的映射。

IEC 61850-7-2中规定的ACSI服务被映射到不同的轮廓组合，所有映射都运行在基于ISO/IEC 8802-3链路控制层的七层协议框架中；规定了14组抽象通信服务和5种映射轮廓，核心映射采用基于以太网的MMS协议栈，另外包括传输快速效益的GOOSE协议、传输采样值的SMV协议以及进行时钟同步的SNTP协议等。

（四）变电站配置描述语言与系统集成

变电站配置描述语言（SCL）是一种用来描述与通信相关的智能电子设备的结构和参数、通信系统结构、开关间隔（功能）结构及它们之间关系的文件格式。在变电站配置描述语言中采用扩展标识语言（XML）作为信息交换格式，并且由于XML的信息独立于平台之间，从而使得文件中的数据能够在不同厂家的智能电子设备工程工具和系统工程工具间以某种兼容的方式进行交换。

SCL有下面两个最基本的功能：

（1）用标准化的语义来定义标准化的信息模型，例如IEC 61850-6部分中定义的变电站模型、通信模型、IED、在IEC 61850-7-X中被定义成逻辑节点的功能等。

（2）以标准化的语言描述模型的实例化，从而允许在不同的应用中交换模型或者模型的某个部分。

IEC 61850标准采用基于XML的SCL（变电站配置描述语言），来描述变电站自动化系统与变电站一次设备的关系。每一种设备必须提供自己的符合IEC 61850标准规定的配置文件。采用统一的系统配置工具和IED配置工具来进行系统的工程化，避免了过多人工干预而导致的出错。

（五）工程管理和系统测试

一个理想的变电站自动化系统，除了功能设计的先进性，系统集成和生命期内的管理也非常重要。系统集成就是一个满足特定用户需求的变电站自动化系统的工程化过程。使用基于通用商业软硬件的标准工程化工具和支持工具将有利于提高系统的可维护性和可靠性。

IEC 61850标准第4部分专门就变电站自动化系统和项目管理进行了规范，这是其他变电站自动化系统通信协议没有涉及的内容。其主要包括工程化过程及其支持工具，整个系统及其IED的生命期，始于研发阶段、止于变电站自动化系统及其IED的停产和退出运行的质量保证几个方面。

为保证各厂家 IED 的互操作性，IEC 61850 标准还规定了互操作性测试，包括一致性测试和性能测试。一致性测试是测试 IED 是否符合特定标准；性能测试属于应用测试，侧重于将 IED 置于实际的应用系统中，以测试整个应用系统是否满足运行性能要求。

三、智能变电站的网络通信技术

构建一个可靠、高效、稳定、安全的网络通信系统，是智能变电站的核心工作之一。在智能变电站中，最显著特征是以计算机可以识别和处理的数字信号代替常规的电缆硬接线，并通过网络通信技术实现共享和互操作。

变电站网络通信技术经历了电缆直连、串行连接和现场总线 3 个不同发展阶段。早期的远方终端（RTU）是变电站自动化系统的核心，主要通过并行电缆将各种信号接入。

随着通信技术的发展，串行通信技术引入变电站自动化系统，可以连接保护继电器、自动设备等。

20 世纪 90 年代初期，变电站自动化系统的通信技术进入现场总线阶段。IEC 60870-5-101 作为变电站和控制中心之间的远动协议，正式成为国际标准，基于广域网的 TCP/IP 的 IEC 60870-5-104 也开始得到应用。现场总线连接模式如图 2-11 所示。

通信网络是智能变电站的重要组成部分，由于网络流量剧增可能出现网络拥塞、流量冲突等问题，不能保证信息传输的时延上界，可能由于信息丢失或传输违反时限要求，出现大面积停电等灾难性后果。

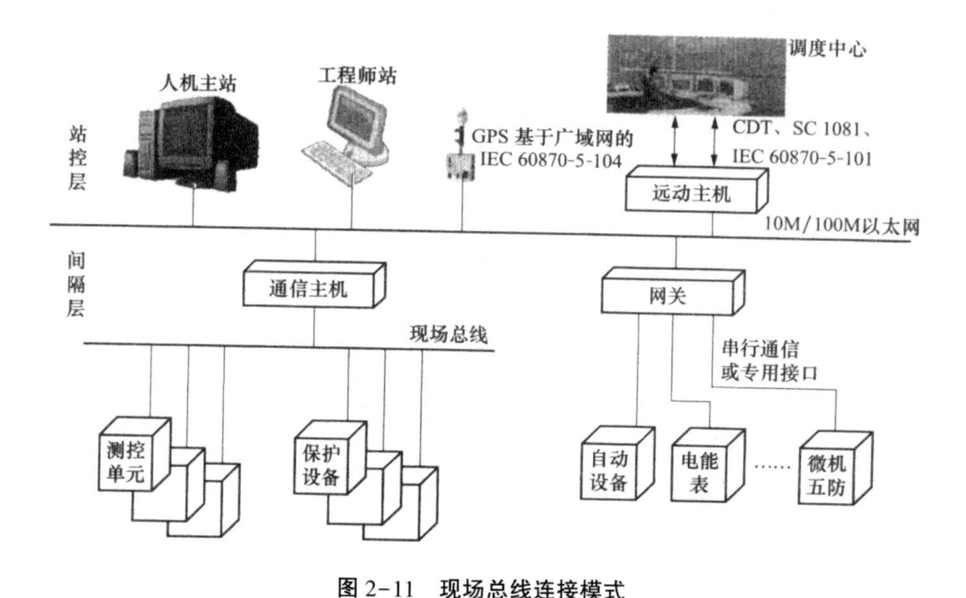

图 2-11　现场总线连接模式

变电站内通信网络的可靠性是保证电力生产连续性的重要因素，应避免因通信装置损坏导致站内通信中断。特别是在智能变电站中，采样值、跳闸命令、开关状态等数字化信息均通过网络传送，保护、控制等功能的实现很大程度上依赖于通信网络，因此，建立一个可靠的通信网络是确保变电站自动化系统稳定的首要条件。

智能变电站的网络通信系统要满足可靠性要求、同步特征要求、时效特征要求以及克服异步传输的影响。

（一）可靠性要求

智能变电站网络通信的可靠性遵循 IEC 61850 标准，关于可靠性的要求如下。

1. “故障弱化”原则

“故障弱化”原则是指当变电站综合自动化系统（SAS）的任意通信元件发生故障时，变电站仍是可持续运行的。不能因为有一个故障点，而使整个站不可运行，应保持足够的当地监视和控制功能。任何元件的故障不应导致不可检出的功能失效，也不应导致多个和级联的元件故障。在某些应用场合，特定的预防措施对于SAS的实施是必需的，通信系统也必须采取预防措施。

2. 可靠性等级要求

IEC 60870-4中对可靠性描述为可靠性是衡量一个设备或系统在规定的时段内完成预定功能的尺度。它是一个基于故障数据和运行时限的概率值。一个远动系统的可靠性是用“平均无故障工作时间（MTBF）”的小时数来表示的，并可用系统单个组成部分的可靠性值计算出来。

一个系统的可靠性取决于系统设备和软件的可靠性以及系统结构，应采取一些提高可靠性的措施。可靠性分级如表2-1所示，表中数值适用于全系统各组成部分的可靠性。

表2-1 可靠性分级

可靠性等级	MTBF
R1	MTBF≥2000h
R2	MTBF≥4000h
R3	MTBF≥8760h

3. MTTF

制造商应明确表述所提供设备发生故障的平均时间（MTTF），包括所采用的计算的标准方法。

4. 站内关键性功能及其对SAS的相依性

关键性功能（保护、主要的控制功能、计算等）不应因某个单一故障而失效。为满足这一要求，SAS应具备以下功能：①自治的保护功能。②SAS可以执行诸如一台变压器故障后的自动恢复供电这样没有严格时间要求的控制逻辑行为。如果运用了这些逻辑行为，厂家应明确表明完成故障恢复的时间（以毫秒计）。③SAS的人机界面（HMI）应能独立于控制中心的远动通信接口而运行。

在智能变电站中影响通信可靠性的主要因素有网络交换设备、传输介质和物理设备的可靠性。结合通信网络系统组成和结构特点，以及以太网技术在变电站系统中的发展，提高系统可靠性可以从以下几方面入手：

（1）采用全双工交换式以太网技术，可降低产生冲突的可能性，提高传输的确定性。

（2）提高网络传输速率，降低网络负载，提高网络通信的确定性。

（3）应用报文优先级技术。在智能交换机或集线器中设计优先级处理功能，保证重要信息传输的可靠性。

（4）端口广播风暴抑制。当交换机发现某个端口出现了广播风暴时，会自动丢弃广播帧，防止广播风暴进一步扩大。

（5）基本组网结构。变电站在实际应用时需采用多级交换的组网方式，网络结构较为复杂，通过合理的组网结构可以保证通信网络的安全高效运行。

（6）冗余配置结构和交换机管理。冗余网络有效解决了单个网络中断时信息可靠传送问题。交换机应增加或开启生成树（STP）功能，以防网络环路的产生。

（7）VLAN 技术。VLAN 能将网络划分为多个广播域，有效地控制广播风暴的发生，使网络的拓扑结构变得非常灵活，控制网络中不同节点之间的互相访问。

（8）IED 可靠性。IEC 61850 使得变电站使用 IED 的数量大大减少，减少了大量的外部电缆使用，增加了系统可靠性。

（9）工业性能。所有通信网络设备在设计上应满足机械环境适应性、宽温环境适应性、电磁环境适应性或电磁兼容性等指标的要求，并具备一定的防尘、防水能力，使其能在变电站的严酷工业环境中稳定工作。

（10）网络监测系统。加强告警机制及自诊断、自恢复功能，提高设备自诊断能力、设备相互监测能力。

（11）网络安全防护。网络安全也是网络可靠性和可用性的重要保证。

（二）同步特征要求

变压器差动保护、母线保护、全站性质的后备保护、线路差动保护等需要多个电子式互感器提供的信息，为了避免计算处理时的相位和幅值产生误差，二次设备需要获得同一时间点上的采样数据，由合并单元输出的数字采样信号就必须是含有时间同步的信息。智能变电站要求统一的时钟同步系统，以提供统一的时标和采样值传输同步信号，在异常情况下失去同步信号时，会对采样值数据的处理以及后续保护功能的投退产生影响。电力系统的广域保护、安全稳定监测、控制、同步通信等功能对采样信息还有实时的要求。

IEC 61850 对时间同步的要求分为 T1～T5 共 5 级，其中，T1 要求最低，为 1ms；T5 要求最高，为 1μs。IEC 60044-8 标准为解决同步问题提出了插值计算法和同步脉冲法两种方法。插值计算法是指间隔层设备根据互感器提供的若干个时间点上的采样值，通过插值计算得到需要的时间点上的电压、电流值的方法。同步脉冲法通过使用统一的同步脉冲信号，使得合并单元提供给间隔层设备的数据是严格同步的。

解决同步的方法主要有硬件时钟同步法和软件时钟同步法。硬件时钟同步法利用一定的硬件设施，如 GPS 接收机，实现同步，可获得很好的同步精确度，但需引入专用的硬件时钟同步设备，这使得时钟同步的代价较高，且操作不便。软件时钟同步法利用算法实现时钟同步，同步灵活，成本较低，但由于采用软件对时，需要 CPU 干预，工作量很大，且时钟信号延迟具有不确定性，同步精确度较低。

由于智能变电站对数据同步的依赖性很强，在设计时还需采取一系列技术措施保证同步采样的可靠性，如对秒脉冲有效性的判断、秒脉冲失效后同步采样守时的处理等。同时，为避免现场的电气干扰，提供给合并单元的同步时钟信号一般采用光纤传输。

（三）时效特征要求

通信网络的时效特征要求主要包括 3 方面内容：①传输速度快，指单位时间内传输的信息多；②响应时间短；③巡回时间短。

（四）异步传输的影响

网络异步传输造成的时延不确定性是衡量变电站网络通信可靠程度的重要因素之一。时延不确定性是指不能保证报文在可预测的时间内可靠传输。时延是指从发送节点的应用程序发送报文的时刻起至该报文被接收节点的应用程序接收到的这段时间。由于报文丢失相当于时延为无穷大，因此也将报文丢失称为时延不确定性。

四、智能变电站过程层关键技术

智能变电站过程层数据的采集、传输模式由电缆传送变为由光缆传送，在智能变电站中出现了新设备——合并单元与智能终端。

（一）过程层实现的功能

变电站自动化系统的典型过程层装置是合并单元与智能终端，为直接与一次设备接口的功能层，可以说过程层是智能一次设备的智能化部分，其主要功能可分为以下 3 类：①电气运行的实时模拟量采集；②运行设备的状态参数在线采集；③操作控制的执行与驱动。

过程层自动化直接影响变电站的信号采集方式。相对于传统变电站，智能变电站一次、二次设备都发生了变化：电子式互感器逐步取代电磁式互感器，直接实现电气量的数字采集；智能化开关取代传统开关设备，由智能终端实现通信方式传输命令的执行及故障诊断功能；二次设备取消了直接电气量采集部分，以过程总线发布数据的接收处理代之。

过程总线主要传输智能化一次设备的数字信号，其抗干扰能力增强，接线清晰，仅需少量光缆就可实现和主控室连接，简化了传统的大量电缆的连接方式。将传统的保护与测控设备的信号采集功能下放到过程层完成，基于过程总线方便地实现信息共享，为变电站高级应用功能的扩展奠定了基础。

（二）过程层的关键技术

1. 嵌入式实时操作系统

过程层设备软件设计需要重点考虑通信功能的实现。过程层设备软件设计主要工作量在于通信模块的设计，要同时在通信模块中实现 TCP/IP、多媒体信息服务（MMS）、可扩展标识语言（XML）等技术。因此，在研制过程层设备时大多数设备制造厂商引入嵌入式实时操作系统。

嵌入式实时操作系统是指能在限定时间内完成规定的任务，能对外部事件做出响应，并可以有效管理系统任务及资源的系统软件。嵌入式实时操作系统是一段嵌入在目标代码中的软件，用户的其他应用程序都建立在嵌入式实时操作系统之上。嵌入式实时操作系统使各个任务“准同时”地运行。嵌入式实时操作系统还包含一个可靠性很高的实时内核，将中断I/O、定时器等资源都包装起来，留给用户一个标准的应用编程接口（API），并根据各个任务的优先级，合理地在不同任务之间分配CPU资源。

一般从实时性、可靠性与容错能力、标准兼容性等几个实时系统所关注的主要问题来对嵌入式实时操作系统进行分析。实时性是选择嵌入式实时操作系统时要首先衡量的重要指标。为了增强嵌入式系统的实时性，嵌入式操作系统通常应用抢占式内核优化的系统调度策略、任务优先级分配和优先级逆转等多种技术来达到这个目的。可靠性是衡量和选择实时操作系统的另一个重要因素，主要体现在系统故障率非常低和能提供对故障快速隔离并具有可智能恢复的机制；这就要求实时操作系统应用各种必要的技术措施来保证系统可以长时间无故障运行，还必须提供一些故障容错方法，使得系统在出现故障的情况下也能快速地恢复。提高实时操作系统可靠性的主要技术包括单内核/微内核、内存空间保护、看门狗定时器、分布式冗余配置。为了达到应用软件方便移植、软件重用的目的，实时操作系统必须具有大致相同的系统服务以及兼容的应用编程接口。从传统Unix发展而来的一种开放系统标准——可移植性操作系统接口（POSIX）应用范围更广。如果实时操作系统提供 POSIX 标准兼容的应用编程接口，则应用 POSIX 接口风格编写的应用软件可以在这些实时操作系统之间进行移植。

嵌入式实时操作系统软件开发的特殊之处在于系统任务划分、任务调度和任务间通信机制的设计，这是最能体现多任务操作系统软件方案特点之处，也是实现嵌入式操作系统多任务机制优势的关键。图 2-12 给出了嵌入式实时多任务操作系统软件开发流程。

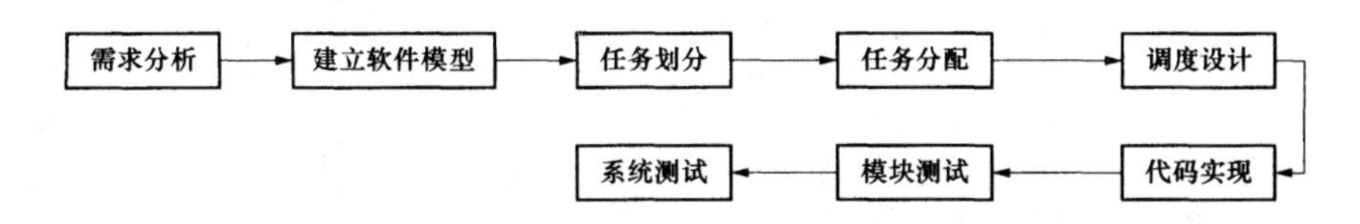

图 2-12　嵌入式实时多任务操作系统软件开发流程

2. 过程层通信的实现

智能变电站中各个设备之间的功能耦合性很强，因此对通信网络有更高的依赖性。在智能变电站内传输的信息有 4 类：一是经常传输的监视信息，如电压、电流、有功功率、无功功率、频率、有功电量和无功电量、断路器的状态信息、继电保护投入与退出的工作状态信息、变压器和避雷器等状态监测信息；二是突发事件产生的信息，如发生事故时断路器的位置信号，隔离开关和继电保护功能的投入与退出以及继电保护装置运行方式的选择，继电保护动作的状态信号和事件顺序记录，故障录波数据等；三是在高压电气设备内装设的智能传感器和智能执行器与间隔层设备交换的信息，如电子式电流互感器及直接采集的数字量，设备在线检测温度、压力、密度、绝缘、机械特性以及工作状态等数据；四是其他非实时信息，如防火、防盗信息。在传输的各类信息中，涉及变电站过程层的信息占到绝大部分。过程层通信网络可靠性对整个智能变电站的正常工作起着至关重要的作用。

总的来说，对过程层通信网络的性能要求主要体现在可靠性、开放性和实施性。在智能变电站中，保护、控制等功能的实现所需要的采样数据完全来自过程层，其控制命令的执行也需要通过过程层通信网络传递，因此，一个可靠的过程层通信网络是确保智能变电站可靠工作的首要条件。过程层通信网络作为站内通信网络的一部分，既要保证过程层设备与站内IED设备互连、互通，还应服从整个变电站自动化系统的总体设计，其硬件接口应满足国际标准，方便用户的系统集成。因测控数据、保护信号、遥控命令等都要在过程层通信网络上传递，为保证整个系统在正常工作尤其是在出现故障时能及时响应，防止故障的扩大，要求信息能在站内通信网络上快速传送。

IEC 61850-3对应用在变电站场合设备的通信网络的可靠性、可用性、可维护性、安全性和数据完整性提出了要求。在目前的变电站建设中，应用较多的是IEC 61850-9-2LE版本。

随着以太网交换技术的发展，过程层网络和站控层网络将会合并成一个网络，如图2-13所示。

这样，间隔层的设备就只需一个通信接口，这将降低设备的成本，简化变电站的网络结构，同时也降低变电站的工程成本，信息可以得到充分共享。

在智能变电站建设过程中，过程层的网络组织会非常灵活，可以在变电站中出现多种结构形式，如合并单元与保护设备之间采用点对点方式，如图 2-14 所示，为了方便测控功能的实现，合并单元与测控设备之间采用网络方式。

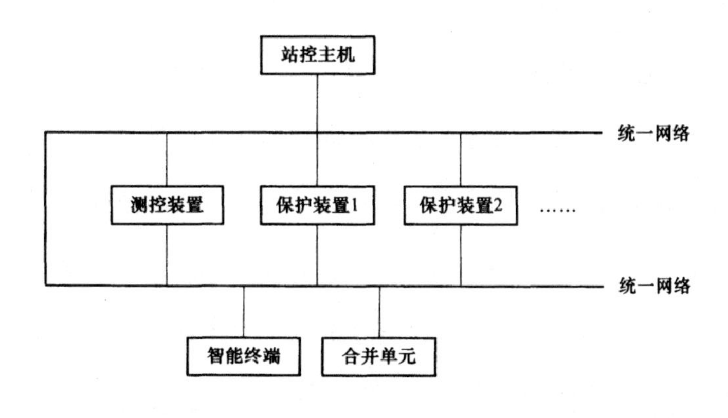

图 2-13　统一网络模式

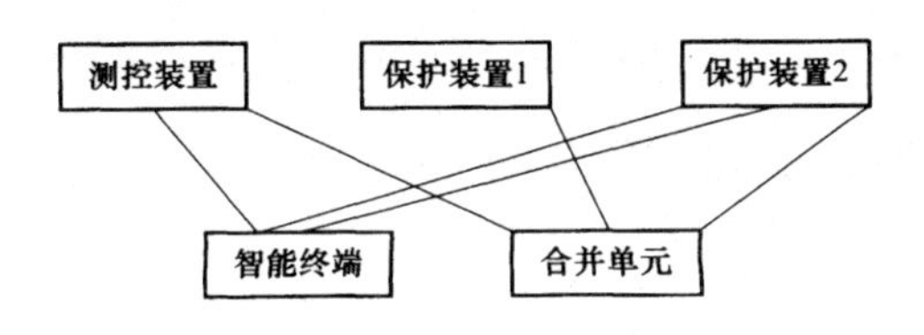

图 2-14　过程层点对点方式

（三）合并单元

合并单元用来从互感器获取数据并将它们以标准格式在以太网上传输。合并单元与互感器之间既可以用传统的 100V、1A（5A）形式的模拟量接口还可以用电子式互感器的私有协议进行采样值数据传送。目前用户出于安全和经济性考虑，需要合并单元既可以接收电子式互感器提供的数字信息，还应可以接入电子式互感器的模拟接口或传统电压互感器/电流互感器的输出接口。这就要求合并单元本身也要具备模数转换的能力，根据合并单元的定义，可以接入 12 路数字化的测量；同时为保证装置的兼容性，也应具有接入 12 路模拟量的能力。

合并单元的主要功能就是从电子式互感器采集 12 路电流、电压信号，然后对这些数据进行组帧、编码，再发送给二次设备。在此过程中，数据同步采样问题非常重要。数据同步采样问题是指变电站二次设备需要的所有采样数据应在同一个时间点上采集，即采样序列的时间同步，避免相位和幅值产生误差。数据采样时间不同步，虽然不会对保护的动作精确度造成影响，但对于差动保护和计量来说，会造成严重误差。由此可见，数据同步采集对于差动保护和计量来说非常重要。

目前保证这 12 路数据的同步常用方法有两种：①在合并单元里采用线性插值算法，对各路模拟信号的采样值进行同步处理；②由合并单元被站内统一时钟源同步后，再向各路数据采集装置发出同步采集命令（或脉冲），来实现各路信号的同步采集。

（四）智能终端

智能终端负责实现开关的智能操作，是智能变电站的重要组成部分。按照分布式系统设计要求，智能终端一般就地安装在断路器附近，通过以太网与安装在主控室的设备相连接。各保护、测控装置通过以太网接口，遵循 IEC 61850-9 标准接收合并单元的信息，同时也需要将保护出口逻辑通过以太网以 GOOSE 报文的形式输送给智能终端，由智能终端统一控制断路器，从而减少了保护、测控装置之间的连线，使变电站的二次接线更加简化。在运行中，可以方便地通过智能终端直接对断路器、隔离开关进行就地操作或对接收监控系统的命令进行遥控操作。智能终端还能对自身及操动机构运行状况进行监测、诊断，确保操动机构在正常状态下运行。

智能终端与间隔层 IED 的通信功能通过 GOOSE 报文来实现。根据 IEC 61850 标准，GOOSE 报文在数据链路层上采用 ISO/IEC 8802.3 以太网协议，但在标准的以太网报文头加入了一个 Tag，Tag 中包含了 12bit 的虚拟局域网标识码（IEEE802.1q）和 3bit 的报文优先级码（IEEE802.1p）。

在 GOOSE 报文中，最重要的是跳闸命令的传输。跳闸命令传输采用事件驱动的数据通信方式，发布者（如保护设备）由事件（如线路短路故障）触发后，从数据集中收集所需数据，然后通过发送缓冲区发送出去，它具有异步传输和随机性特点。跳闸命令传输的实时性和可靠性要求都很高，通过引入特殊的控制参数，同时通过以下方法提高报文传输的可靠性：①如果接收端在规定时间内未收到任何报文（网络中两个连续帧丢失），此时接收端可认为后续报文均是错误的；②精心设计网络结构，星形网传输会快速些，环形网可靠性效果更好；③采用双网互备模式。

五、智能变电站间隔层关键技术

随着智能电网建设的推进以及技术的进步，变电站的各部分功能将进一步整合，间隔层功能与站控层、过程层联系更加紧密，功能的分布模式也更加多样化。间隔层作为智能变电站的中间支撑层，是智能变电站正常运行的重要保障。

（一）间隔层的功能

间隔层设备完成测量、控制、计量、检测、保护、录波等功能，采集来自过程层的数据，完成相关功能，并通过过程层作用于一次设备。间隔层设备中符合 IEC 61850 标准的设备可直接连接到站控层以太网，不符合标准的设备则通过规约转换器接入。

间隔层设备主要有以下功能：

（1）实时采集来自过程层设备的数据信息，并进行诊断记录，实现录波功能，实现与站控层设备的通信和数据传输，起到承上启下的作用。

（2）采用 IEC 61850 的 GOOSE 机制，发出对各设备间隔的控制操作。

（3）接收来自站控层、远方控制中心或相邻站的各类命令操作，并向过程层发出对应的命令。

（4）间隔层测控、检测、计量、保护装置负责实现对一次设备的测量、控制、计量、检测、保护功能，并采用 IEC 61850 标准直接与站控层以及远动主机进行信息交换。

（二）间隔层的关键技术

1. 间隔层通信的实现

智能变电站中，过程总线的组网方式关系到站内数据的采集和设备的控制。过程总线根据数据流要求、可靠性要求以及现场情况可以有不同的组网方式，一般有 4 种方式：一是间隔组网。每个间隔有自身的网络，同时装设一个独立的全站范围的总线，以连接各个间隔的总线段。该方案结构清晰，易于维护，但是需要较多的交换机和路由设备，造价较高，一般用于 220kV 及以上系统和一些重要间隔。二是通信设备跨越多个间隔。每个间隔的总线段覆盖多个间隔。当过程层设备安装位置处于多个传感器安装位置的中心时，从高压端下来的光纤传输距离最短。三是所有设备共用一个通信网络。该方案系统架构简单清晰，节省交换机，造价低，但是系统对网络的依赖性高，需要较高的总线速率和可靠的网络设备。四是按照继电保护功能区划分网络。总线段是按照保护区域来设置的，这样，总线段之间的数据交换量最小。

间隔层利用 GOOSE 通信的一发多收特性实现各间隔层水平的数据共享。所有装置将需要共享的 GOOSE 信息发送到网络上，接收端根据自己的需要从网络上获得需要的信息。这样充分利用了网络信息共享优势，节省了二次接线，并为间隔层功能的实现提供了灵活的配置方式。

2. 间隔层 IED 不同功能的实现

根据 IEC 61850 对变电站内各自动化功能的分层和对象建模的思想，各个保护中的不同功能都可以用相应的逻辑节点表示出来。就地间隔层设备中的逻辑节点互相协作完成就地的自动化功能；同时，就地间隔层设备中的逻辑节点还与其他设备进行通信，完成诸如上送事件报告、执行站控层控制指令或者与间隔层中其他设备共享某个逻辑节点的数据和功能等。

3. 保护测控功能的实现

智能变电站的间隔层装置信息量全面，数据准确，数据取用灵活，控制手段丰富；同时，因为数据的采集和对一次设备的控制操作在过程层实现，以及间隔层的嵌入式操作系统的应用，使间隔层的装置可以真正实现灵活全面的配置方式。保护测控装置的结构可以采用模块化的设计，功能既可以按单间隔配置，也可以按多间隔集中配置，还可以把一个功能分散到各个装置实现，装置既可以根据需要取用所有需要的数据，也可以方便地对一次设备进行控制。

4. 测距功能的实现

输电线路精确故障测距功能可以有效地提高输电线路运行的经济性，缩短故障后巡线时间，减少停电损失。传统变电站背景下的输电线路故障测距方法已经较为完善，其精确度及可靠性基本达到了电力系统的要求，而在智能变电站背景下的故障测距技术尚处于实验研究阶段。

输电线路测距一般有阻抗法和行波法两种算法。阻抗法实现简单，主要依靠工频电气量，不需要增加信号采样等装置，在保护和故障录波器等装置中普遍有集成测距功能。行波法测距主要依靠暂态量，这就要求单独增加信号采集、通信、GPS 对时装置等额外设备，但其精确度较高，尤其对于长距离输电线路，行波法测距在精确度上远高于阻抗法测距。

传统变电站中测距装置主要通过常规的电流互感器或在常规的 CVT 中性点处取信号，而智能变电站的测距装置则主要依靠电子式互感器，可直接利用故障录波仪等装置记录数据，且随着通信条件的改善实现双端阻抗法测距更为简便，并且比单端阻抗法在精确度和可靠性上均有所提高。而对基于行波法的故障测距装置，则需要对电子式互感器做适应性修改。由于传统的电压互感器难以采集暂态电压行波。现有的行波故障测距装置主要依靠暂态电流行波，其对互感器有以下几点特殊要求：

（1）行波法测距需要利用电流行波中的暂态分量进行计算，短路故障电流中暂态分量的频带范围为 0～100kHz，即使考虑阻波器等设备影响，也要求上限截止频率至少应高于 50kHz。

（2）行波法测距中采样频率是关系测量误差的关键因素，因此，要求较高的采样频率，现有测距装置采样频率一般要求 500kHz 以上。

（3）电流互感器一次侧电流信号与二次侧电流信号之间的时间延迟不能超过 1μs，或该时间延迟固定可以补偿。

5. 电能计量功能的实现

现代电能计量系统发展的必然趋势是数字化、智能化、标准化、系统化和网络化。智能变电站的电子式互感器和合并单元的应用使数据的共享成为可能，电能计量系统和变电站内其他数据的使用者采用统一的数据源，进一步保证计量结果的准确性和可靠性。由于数据的采集功能由过程层实现，电能计量系统可以把资源用于提高计量功能的智能化。依据《电能计量装置技术管理规程》（DL/T 448—2000），分别在发电运营侧、电网运营管理侧和供电运营侧配置相应的电能计量系统，实现电能计量系统标准化，进一步优化电能计量系统的配置，使其达到先进、合理、统一的要求，以便于运行、维护与管理。将电能计量系统与自动抄表系统联通组成一个电能计量管理监控系统，实现系统化管理，从而不断改善工作条件与服务质量，进一步提高工作效率和经济效益。将电能计量装置管理系统联通构成一个电能计量信息网络，实现网络化管理，不断拓宽信息资源，进一步提高运营管理水平和客户服务质量。电能计量信息网络可按照可能性和必要性分别建立地域网和区域网等。

6. 间隔层 IED 功能的测试

间隔层 IED 直接通过网络接收数字信号，对于现场间隔层 IED 试验人员来说，只需测量数字信号的正确性。智能变电站内 IED 的主要设备是数字化的保护与测控装置。按照 IEC 61850 标准，IED 之间应满足互操作性，即变电站内的 IED 依靠站内的通信网络，实现共享信息和发布命令，因此要对 IED 进行一致性测试和性能测试。

智能变电站间隔层 IED 功能测试的输入/输出都是通过通信来实现的，因此，采用基于 IEC 61850 标准的测试仪器，可以实现对间隔层 IED 的性能测试。对于间隔层装置测量准确度的测试，由于采用了过程层总线，间隔层 IED 将接收过程层送来的数字信号，因此对采样数据精确度的考核将针对过程层的光电压互感器或者电子式电压互感器。对于 SOE 分辨率试验，由于状态量的时间标签也由过程层智能终端完成，因此考核的对象将从间隔层 IED 变成过程层智能终端。间隔层还要对过程层信息进行检测，在线收集来自过程层的采样值报文和过程层的 GOOSE 报文，对来自过程层的数据完备性进行评估。此外间隔层 IED 安全性的检测会成为比较重要的一个检测内容。间隔层 IED 测试是一种全网络化的测试，需要充分理解间隔层 IED 的配置，利用 IEC 61850 标准的特点，创新测试方法，设计出完善的测试方案，同时测试通信、同步，检查上传信息等多项功能，测试才能完善、全面。

7. 间隔层 IED 功能的整合和优化

（1）双机备用

为保证智能变电站的正常运行，根据重要性和可靠性的要求，可以对一些设备选择双重化的配置方式，这就要求双重化的设备之间配合策略完备。双重化既可以是设备的双重化，也可以是某个子系统的双重化。如对一个变电站的 110kV 侧的设备可以选择单套配置，220kV 和 500kV 侧设备和网络都可以选择双重化配置。

（2）工作规程、标准需要修订

针对智能变电站技术特征，结合技术发展特点，应制订和补充相应的技术标准、规程，研究新的试验方式，以便为新技术的应用提供可靠的技术保障机制。

（3）建立和完善二次系统状态检修的策略体系

智能变电站配置完善可靠的实时在线监测设备，可根据监测和分析诊断结果安排检修时间和项目，由此建立符合新技术特点的检修机制。

（4）间隔层保护功能的整合优化

智能变电站中一、二次设备以标准的方式建模和通信，电子式互感器、合并单元的引入将实现采样环节的融合，智能终端的引入将实现开关量采集和控制输出环节的融合，这些都给设备的功能整合优化创造了条件。

智能变电站信息获取和控制命令实施网络化、标准化、实时化，间隔层的功能不再局限于传统的测控和保护功能，还可以涵盖计量、故障录波和测距、安稳装置、动态监测、电能质量监测、信息管理等不同的应用领域。因此变电站功能的整合优化也成为可能且易于实现，使部分功能的集中式实现成为可能。

随着电力系统对继电保护要求的不断提高，智能变电站的继电保护装置正向着保护网络化、算法智能化、功能一体化的方向迅速发展。遵循开放式体系结构，装置的组合化、模块化、平台化、标准化将成为未来数字继电保护装置硬件结构的发展方向。

智能变电站保护测控装置的信息获取更为全面，控制手段更为灵活，保护测控技术将在自适应自优化继电保护技术、暂态保护技术、自协调区域继电保护技术、广域保护技术、继电保护智能的整定校核技术、间歇式能源接入的并网控制和保护技术、自适应重合闸技术等获得进一步的发展。

六、智能变电站站控层关键技术

站控层位于智能变电站系统的最高层，站控层系统又被称为“变电站主计算机系统”，是变电站系统维护、运行、监视和控制的中心。其作用是对整个变电站自动化系统进行管理和控制，提供变电站运行的各种数据，收集、处理、统计变电站运行数据和变电站运行过程中所发生的重要事件；同时，还可使运行人员远方控制断路器的分合操作，并按运行人员的操作命令或预先设定执行各种复杂的工作；站控层为值班人员提供可视化界面，实时显示站内运行工况，并与调度中心交互。

（一）站控层的功能

站控层系统包括服务器、操作员站、工程师工作站、“五防”工作站、远动主机及智能钥匙、打印机、GPS 同步时钟装置等辅助设备。站控层系统有以下功能：

1. 遥测处理功能

包括数据处理，如进行系数换算、越限判断、遥测封锁和解锁、人工置数；计算量处理，如进行数值计算、历史数据统计；历史数据处理，如历史数据保存、数据统计检索；负荷率、电压合格率计算。

2. 遥信处理功能

包括状态量处理，如极性转换和变位判断以及事件顺序记录（SOE）、双位置判断、每路遥信的变位和 SOE 可单独设置不同的报警方式、遥信封锁和解锁、人工置数；告警功能，如告警内容及告警处理。

3. 遥控处理功能

实现遥控功能及遥控过程。遥控过程要有遥控选择、遥控返校、遥控执行。

4. 报表处理功能

包括负荷、电压等日报表和月报表，电压合格率报表等，具有报表处理、报表打印的功能

5. “五防”闭锁功能

包括逻辑闭锁和“五防”操作票功能。

6. 远动功能

实现变电站自动化系统和调度主站之间的远方通信功能。

（二）站控层的关键技术

1. 跨平台技术的应用

目前变电站自动化的站控层系统都在向具有较高安全性和稳定性的Unix平台发展，因此智能变电站的站控层应能支持SUN、AL-PHA、IBM等主流Unix操作系统。从节约成本的角度，站控层系统可以使用混合平台系统，这样不仅能做到Unix平台与PC（Wintel）平台混用，而且不同的Unix平台也能混合使用，实现真正的跨平台技术。

跨平台技术的难点主要在数据对齐、填充、类型大小、字节顺序和默认状态Char是否有符号等，解决方法如下：

（1）采用新体系结构，如图2-15所示。

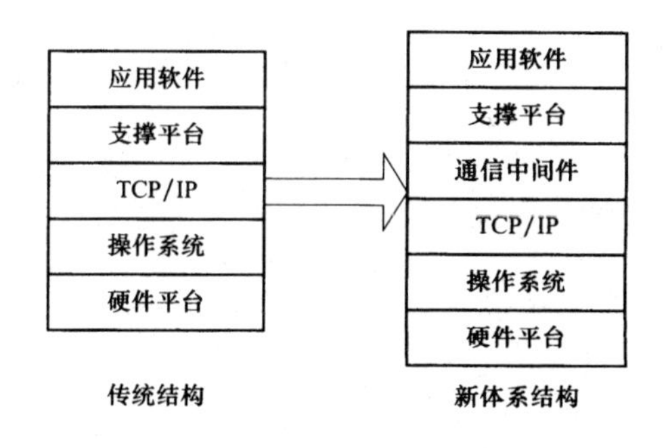

图2-15　传统结构与新体系结构对比

该结构可满足分布性和可操作性的要求。该结构与传统系统相比，增加了“通信中间件”层，屏蔽底层的操作系统和硬件的差异性，可以建立在异构平台上，实现分布式应用，由网络连接的硬件和软件共同协调完成系统的功能；当系统扩展时，扩展的部分与原来的部分能进行透明交互，进行“无缝”连接，满足互操作性。

（2）采用新系统支撑平台，如图 2-16 所示。

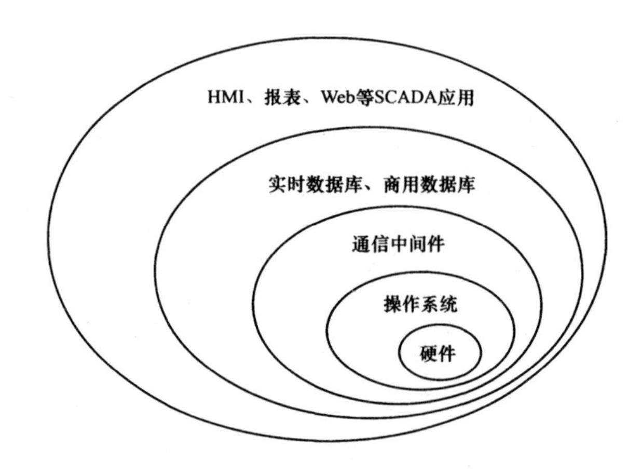

图 2-16　新系统支撑平台

2. 基于 IEC 61850 标准的站控层建模

面向对象的建模是构建变电站自动化系统通信体系的基础，这是由 IEC 61850-7 来规范的。面向对象的建模技术，其数据具有自我描述的优点，实时数据从接收到处理，同时实现各种 SCADA 功能（越限、推图、报警等），无须进行复杂的配置，极大地降低了工作量和出错的可能性，充分体现 IEC 61850 相对于传统标准的优势。

面向对象的模型需要实时数据库系统作为载体，而实时数据库系统的实现比较复杂，目前还没有成熟的产品，而且不能兼容原有系统的应用软件，使得站控层系统采用面向对象的建模技术难度很大。国内外很多公司和科研机构对其展开了深入的研究，也得到了一些成果。但是研究仅限于通信建模方面，整个站控层系统基于 IEC 61850 标准的建模目前还处于起步阶段。

3. 实时信息的时间同步

站控层的时间同步主要是以软对时方式实现的。软对时是以通信报文的方式实现的，这个时间是包括年、月、日、时、分、秒、毫秒在内的完整时间。站控层服务器或远动装置与授时（GPS 等）装置通信以获得精确时间，再以广播报文的方式发送到其他装置。

主时钟的时间报文通过 RS-232 接口将时间信息传送给站控层服务器或远动主机，然后由该设备通过网络向站控层系统的其他设备进行时间报文的广播，使整个站控层系统的所有设备统一时钟。

（三）站控层的实现方法

1. 网络服务的实现

网络服务是系统安全稳定运行的基础，关系到系统各个网络节点的信息交换，包括下面几个进程。

（1）网络监控进程

该进程实现对系统内各网络节点之间数据的传输以及状态监控，接收处理其他节点发送的系统控制信息，实现双机双网的切换，主要包括：系统维护线程流程、控制命令处理线程、网络节点监控报文处理线程、进程检查线程。系统维护线程流程对本系统内的软、硬件定时进行自诊断，当诊断出故障时可以自动进行恢复；如果恢复不成功则发出告警信号。自诊断的范围包括服务器、操作员工作站、工程师工作站、远动主机和网络及接口设备等。控制命令处理线程具有对站控层系统进程进行启动或是停止请求、对分布式实时数据库进行读写操作、通过邮箱对邮件进行分发的功能。网络节点监控报文处理线程的主要作用是故障设备和故障网络自动切除，以及主备设备和主备网络的及时切换。进程检查线程实际上就是一个看门狗软件，防止重要进程意外结束，也可以按周期或定时启动进程，在主 SCADA 服务器进程启动异常时，及时将其切入备用 SCADA 服务器，维持整个站控层系统的正常工作。

（2）网络监控界面进程

该进程以界面的形式将整个网络的通信状况展示给运行值班人员，包括服务器连接情况、主服务器和备用服务器的切换、报文的查看等。该进程提供“主服务器”信息查看及切换界面、主机属性及运行状态查看界面、收发信息查看界面、邮件信息查询界面、进程管理界面。

2. SCADA 数据处理的实现

SCADA 数据处理包括 SCADA 实时数据处理进程、历史数据的定时存储、SCADA 拓扑进程、计算语言编译进程、事故追忆进程。

3. 实时数据库的实现

实时数据库是支撑平台乃至整个系统的核心内容，在很大程度上决定了系统的体系结构、数据组织、集成方案，以及实时性、开放性、安全性和分布性等性能指标。在 IEC 61850 标准中，要求站控层系统的支撑平台和应用软件根据抽象通信服务接口（ACSI）进行改造。因此，智能变电站站控层系统应首先从实时数据库系统开始实施 IEC 61850 标准改造，在新的数据库系统的基础上，将其他软件进行改造。

4. 人机界面（HMI）的实现

（1）HMI 一般要求：①功能菜单。功能菜单一般有画面调用、操作功能、事件查询、实时数据查询、历史数据查询、报表管理等菜单项。②画面内容。能够显示电力系统主接线图及表格、文字、曲线等图形和系统运行工况图。画面由独立的绘图软件包来绘制，包含静态的图形、实时变化的遥测和遥信图元参数，画面中能动态显示相应的遥测量及其符号、遥信状态，任何遥测量均可绘制历史曲线，曲线图上标有最大值、最小值和平均值等。③画面功能。画面应能够通过菜单和按钮方式调用，画面上应能够挂接各种标示牌，遥测、遥信封锁和通道中断应用不同颜色显示。画面上可查询各遥测、遥信的厂站号、数据引用和名称等。

（2）人机界面的生成及显示。

（3）实时信息的在线计算及制表。

（4）人机之间的信息交互。

（5）运行管理的辅助决策。

（四）与控制中心的数据通信

与控制中心的数据通信需要变电站配置远动主机、调制解调器、数据网接口等设备。

远动主机在站控层与服务器同时收集间隔层设备的数据，其正常数据不应依赖于站控层计算机的正常运行。远动主机一般采用双机模式，可运行在双主机或主备状态，两套设备通过站内网络同时接收间隔层设备的实时数据，同时保存在实时数据库中。在双主机状态下，两台主机可同时向各个主站发送数据，并同时接收下行命令，通过双方交换的运行状态，确定是哪套设备向间隔层设备转发下行命令。在主备状态下，通过双方交换的运行状态确定某套设备作为现任主机，并负责与主站通信或下行命令的转发。备机只运行在监视状态，一旦发现主机异常，立即接替主机的通信功能。

随着计算机网络技术的发展，主站端自动化系统和变电站端站控层系统利用各种网络设备建立电力数据网，实现网络连接。远动主机远方网络接口接入数据网络设备，再采用 2M、100M 等方式接入通信系统，主站端网络系统同样通过数据网络设备接入通信系统，通信系统将各主站和变电站的网络联通，实现主站和变电站的网络互连。

远动主机按照 IEC 60870-5-104 等网络通信规约，通过电力数据网络与主站进行数据通信。该通信方式传输速率高、可靠性好，已成为与主站之间通信的主流传输方式。

（五）网络安全

未来的电网是一个对网络稳定、安全要求都非常严格的系统。随着智能电网和电力市场的逐渐发展和成熟，网络化运行生产、电力调度和电力交易会迅猛发展。保证电力行业网络不被病毒感染最通用的做法是将电力实时信息网和非电力实时信息网进行物理隔离，但也无法保证病毒绝对不会进入网内。另外，在内部网络安全管理制度上也存在大量的漏洞，尤其是在恶意程序防御手段、威胁评估方法、应急响应保障、网络管理和安全防护人才等方面，与实际需求相比都有明显的滞后现象。智能电网环境下，数字化设备的数据安全防护将是至关重要的，一旦网络中出现异常扰动数据、异常指令，将对整个系统造成无法弥补的损失。

智能变电站的通信网络类似“神经系统”，网络系统从二次延伸到了一次，大幅度增加了网络规模和网络流量。过程总线传输的信息绝大多数要求有严格的实时性和高度的可靠性，因此，信息安全问题是威胁变电站安全、稳定、经济、优质运行的重要问题，需要引起足够重视。智能变电站对信息实时性提出了更高的要求，但从安全防护的角度来说，将信息加密技术、防火墙技术、Mobile Agent、安全管理技术和虚拟专网（VPN）技术等网络安全技术应用于智能变电站，会降低网络的效率，因此分析并整合各类信息资源，打破传统专业界限，采用信息分类、信息合并等新方法降低流量是提高智能变电站应用效果的有效方法。

第三章　智能电网的信息化

一、物联网的概念

物联网是新一代信息技术的重要组成部分，是近几年业界较为关注的热点之一。国外的一个调查机构还提出了“物联网产业规模比互联网大30倍”的观点。有人说“所谓物联网，就是将生活中的每个物件安装芯片，再通过无线系统综合联系起来，通过一个终端就能控制所有设备”。那么，究竟什么是物联网呢？

（一）物联网的定义

物联网的英文名称为“Internet of Things”，简称“IoT”。顾名思义，物联网就是“物物相连的互联网”，这有以下两层意思：①物联网的核心和基础仍然是互联网，是在互联网基础上延伸和扩展的网络；②其用户端延伸和扩展到了任何物体与物体之间，进行信息交换和通信。

因此，物联网的定义是通过射频识别、红外感应器、全球定位系统、激光扫描器等信息传感设备，按约定的协议，把任何物体与互联网相连接，进行信息交换和通信，以实现对物体的智能化识别、定位、跟踪、监控和管理的一种网络。

物联网是一场更大的科技创新。这场科技创新的本质是使得全世界每一个物品存在一个唯一的编码。通过细小却功能强大的无线射频、二维条码等识别技术，将物品的信息采集上来，转换成信息流，并与互联网相结合，以此为基础形成人与物之间、物与物之间全新的通信交流方式。这种全新的通信交流方式，将彻底改变人们的生活方式和行为模式。另外，物联网的出现，为政府公共安全监管提供了强有力的技术支持，提高了早期发现与防范能力。特别是突发社会安全事件和自然灾害、核安全、生物安全等的监测、预警，能够及时通过物联网传达到政府的相关决策部门，增强应急救护综合能力。部分城市正在试点的公共安全智能视频监控服务平台，也正是基于此。

（二）物联网与互联网的不同之处

首先，物联网是各种感知技术的广泛应用。物联网上部署了多种类型传感器，每个传感器都是一个信息源，不同类别的传感器所捕获的信息内容和信息格式不同。传感器获得的数据具有实时性，按一定的频率周期性地采集信息，不断更新数据。

其次，它是一种建立在互联网上的泛在网络。物联网技术的基础和核心是互联网，通过有线和无线网络与互联网融合，将物体的信息实时准确地传递出去。在物联网上的信息需要通过网络传输，由于其数量极其庞大，形成了海量信息，在传输过程中，为了保障数据的正确性和及时性，必须适应各种异构网络和协议。

再次，物联网不仅提供了传感器的连接，其本身也具有智能处理的能力，能够对物体实施智能控制。物联网将传感器和智能处理相结合，利用云计算、模式识别等智能技术，扩充其应用领域，从传感器获得的海量信息中分析、处理出有意义的数据，以适应不同用户的不同需求。

最后，物联网和互联网发展有一个最本质的不同点是两者发展的驱动力不同。互联网发展的驱动力是个人，因为互联网改变了人与人之间的交流方式，极大地激发了以个人为核心的创造力。而物联网发展的驱动力来自政府和企业。物联网的实现首先需要改变的是企业的生产管理模式、物流管理模式、产品追溯机制和整体工作效率。实现物联网的过程，其实是一个企业利用现代科技进行自我突破与创新的过程，这一阶段的主要工作是把需要感知的事物连接到管理平台，实际上是一个采集终端规模推广的过程。这个过程刚开始会遇到阻力和困难，但只要坚定不移地去实践，一定会进入一个全新的世界。

（三）物联网技术架构

从技术架构上来看，物联网可分为3层，即感知层、网络层和应用层。感知层由各种传感器以及传感器网关构成，包括温度传感器、湿度传感器、二维码标签、RFID标签和读写器、摄像头、GPS、二氧化碳浓度传感器等。感知层的作用相当于人的眼、耳、鼻、喉和皮肤等，它是物联网识别物体、采集信息的来源。

网络层由各种私有网络、互联网、有线和无线通信网、网络管理系统和云计算平台组成，相当于人的神经中枢和大脑，负责传递和处理感知层获取的信息。

应用层是物联网和用户（包括人、组织和其他系统）的接口，它与行业需求结合，实现物联网的智能应用。

物联网的行业特性主要体现在其应用领域内，目前绿色农业、工业监控、公共安全、城市管理、远程医疗、智能家居、智能交通和环境监测等各个行业均有物联网应用的尝试，某些行业已经出现了一些成功的案例。

（四）物联网的开展步骤

一般来讲，物联网的开展主要有如下几步：

（1）对物体属性进行标识。属性包括静态和动态属性，静态属性可以直接存储在标签中，动态属性需要先由传感器实时探测。

（2）设备完成对物体属性的读取，并将信息转换为适合网络传输的数据格式。

（3）将物体的信息通过网络传输到信息处理中心（处理中心既可能是分布式的，如各个环保局信息中心；也可能是集中式的，如云计算中心），由处理中心完成物体信息的相关计算。

（五）物联网分类

物联网分类，如图 3-1 所示。

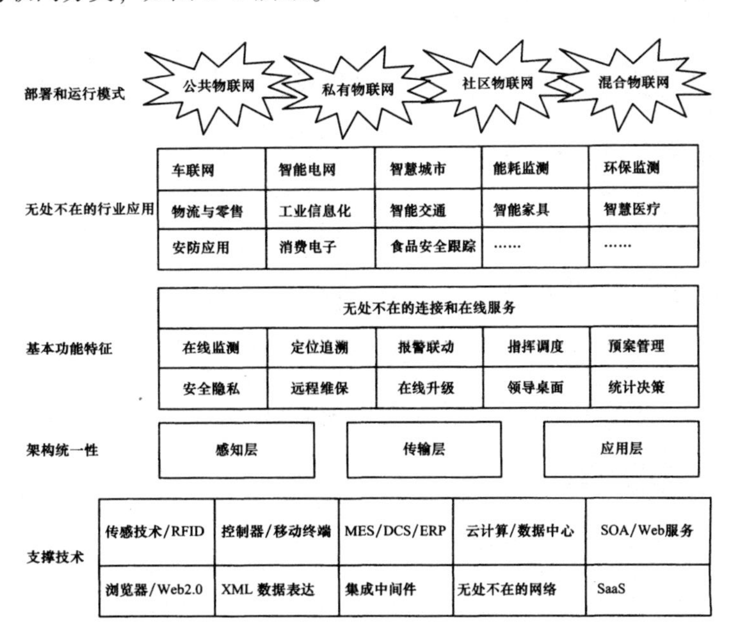

图 3-1　物联网分类

1. 私有物联网（Private IoT）

一般为单一机构内部提供服务。可能由机构或其委托的第三方实施和维护，主要存在于机构内部的内网中，也可存在于机构外部。

2. 公共物联网（Public IoT）

基于互联网向公众或大型用户群体提供服务，一般由机构（或其委托的第三方）运行和维护。

3. 社区物联网（Community IoT）

向一个关联的“社区”或机构群体（如一个城市政府下属的各个部门，包括公安局、交通局、环保局、城管局等）提供服务。可能由两个或以上的机构协同运维，主要存在于内网和专网中。

4. 混合物联网（Hybrid IoT）

是上述的两种或两种以上的物联网的组合，但后台有统一运维实体。

（六）物联网应用案例

在交通领域，除了人们熟知的视频监控、GPS 定位，物联网与手机技术的结合还将带来更多方便。比如，在停车位上装了无线传感器，车辆只要停在这里，系统就能感知，并把信息通过手机客户端，传递给用户，告诉用户停车时长，以精确收费。另外，人们出门前可提前了解哪里有空余车位，甚至获得预约服务。

在环保领域，最近推出的“环保云平台”就是一个结合云计算和物联网技术的应用案例。它充分利用物联网和云计算等新一代信息技术，把数据采集与传输网络、监测数据存储与共享、监测数据管理与应用、突发环境事故与应急指挥为主要建设内容，运用和集成在线监测技术、计算机技术、网络通信技术、视频音频和影像技术以及 GIS 技术，建立一个覆盖各级环保系统，实时掌控监测区域环境状况的平台。这个平台既能实现对重点污染源在线监测，帮助环保部门及时、准确、全面地了解环境状况，为环境监管、环境评价、执法与决策提供有力支持，又能对各种事故信息进行科学管理，并进行分析、预测和评估，为事故应急指挥部门进行科学决策和正确的指挥提供现代化手段，把事故应急反应的工作提高到了一个新的层次，真正地实现了应急管理的信息化和现代化。

在智能电网领域，通过智能插座和智能传感器实现对家用电器的智能监控，通过多种通信方式进行复合组网的家庭智能用电传感局域网，可以解决通信手段单一难以满足全部需求的问题，实现一网多用，提高网络利用率。

二、物联网在智能电网各环节的应用

物联网技术将在智能电网建设中越发重要，将人与人、人与物乃至物与物之间随时随地的沟通变为现实，并走进人们的生活。采用物联网技术可以全面有效地对电力传输的整个系统进行智能化处理，包括对电力系统运行状态的实时监控和自动故障处理，确保电网整体的健康水平，触发可能导致电网故障的早期预警，确定是否需要立即进行检查或采取相应的措施。物联网在智能电网的发电、输电、变电、配电、用电、调度等各环节中发挥着重要的作用。

（一）输电线路工作状态和环境状态综合监测采集

采用不同的传感器可以监测包括微风振动、风偏、线路舞动、线路温度、线路覆冰、杆塔倾斜等输电线路工作状态，环境温度、风速、障碍物距离、危险接近等环境状态等综合信息采集。

（二）物联网技术在发电环节的应用

智能发电环节大致分为常规能源、新能源和储能技术这3个重要组成部分。常规能源包括火电、水电、核电、燃气机组等。物联网技术的应用可以提高常规机组状态监测的水平，结合电网运行情况，实现快速调节和深度调峰，提高机组灵活运行和稳定控制水平。在常规机组内部布置传感监测点，有助于深入了解机组的运行情况及各种技术指标和参数，与其他主要设备之间有机互动，有效地推进电源的信息化、自动化和互动化。

利用物联网技术，研究水库智能在线调度和风险分析的原理和方法，开发集实时监视、趋势预测、在线调度、风险分析于一体的水库智能调度系统。根据水库来水和蓄水情况及水电厂的运行状态，对水库未来的运行趋势进行预测，对水库异常情况进行实时调整，并提供决策风险指标，规避运行风险，提高水能利用率。

物联网技术的发展和进步，可以加快风电、光伏发电等新能源发电及其并网技术研究，规范新能源的并网接入和运行，实现新能源和电网的和谐发展。结合物联网技术可以研究不同类型风电机组的稳态特性和动态特性及其对电网电压稳定性的影响；建立风能实时监测和风电功率预测系统、风电机组/风电场并网测试体系；研究变流器、变桨控制、主控及风电场综合监控技术。

利用物联网可以加快钠硫电池、液流电池、锂离子电池的模块成组、智能充放电、系统集成等关键技术研究；开展储能技术在智能电网安全稳定运行、削峰填谷、间歇性能源柔性接入、提高供电可靠性和电能质量、电动汽车能源供给、燃料电池以及家庭分散式储能中的研究应用，推动大型压缩空气储能等多种蓄能技术的研究应用。

（三）物联网技术在输电环节的应用

利用物联网技术，可以提高电网设备的感知能力，并结合信息通信设备，实现联合处理、数据传输、综合判断等功能，提高电网的技术水平和智能化程度。输电线路状态检测是输电环节的重要应用，主要包括雷电定位和预警、输电线路气象环境监测与预警、输电线路覆冰监测与预警、输电线路在线增容、导地线微风振动监测、导线温度与弧垂监测、输电线路风偏在线监测与预警、输电线路图像与视频监控、输电线路运行故障定位及性质判断、绝缘子污秽监测与预警、杆塔倾斜在线监测与预警等方面，这些都需要物联网技术的支持，物联网技术可以更好地提高输电环节的智能化水平和可靠性程度。

我国于2006年开始研究500kV输电线路状态检修和在线监测系统应用，在输电线路上安装气象传感器、温度传感器、触碰及振动传感器等，实现对输电线路的在线监测。

（四）物联网技术在变电环节的应用

变电环节是智能电网中的重要环节，特别是设备状态检修、资产全寿命管理、变电站综合自动化。利用物联网的相关技术，可以提高电网变电环节的自动化和数字化及各方面的技术水平。

通过物联网技术实现实时状态检修，物联网随时将重要设备的状态通过传感器传递到管理中心，实现对重要设备状态的实时监测和预警，提前做好设备更换、检修、故障预判等工作。结合物联网技术，智能电网中的变电环节可以实现各种技术改进和高级应用，可以提高环境监控、设备资产管理、设备检测、安全防护等应用水平，提高变电环节的智能化水平和可靠性程度。

1. 变电站巡检

过去变电站设备巡检主要依靠巡检人员定期人工巡检，由于受气候、环境等多方面客观因素的制约，巡检质量和到位率无法保证。近年来，为切实解决变电站设备巡检中质量监督的难题，我国部分电力企业采用了智能变电巡检系统，通过可识别标签辅助设备定位，实现到位监督，指导巡检人员执行标准化和规范化的工作流程。

2. 变电站温度监测

高压输变电线路、设备由于各种原因会导致发热，高压输变电线路、设备的运行温度是判断设备是否正常的一个重要参数。为了保证电网安全运行，我国部分地区针对500kV变电站和220kV变电站采用无线传感网络技术，实现对设备运行温度的实时监测。

（五）物联网技术在配电环节的应用

物联网在配电网设备状态监测、预警与检修方面的应用主要有对配电网关键设备的环境状态信息、机械状态信息、运行状态信息的感知与监测；配电网设备安全防护预警；对配电网设备故障的诊断评估和配电网设备定位检修等方面。

1. 配电网现场作业管理

由于配电网的复杂性，配电网现场作业监管难度很大，常会出现误操作和安全隐患。物联网技术在配电网现场作业监管方面的应用，可以进行身份识别、电子标签与电子工作票、环境信息监测、远程监控等，实现确认对象状态，监控工作程序和记录操作过程，减少误操作风险和安全隐患，实现调度指挥中心与现场作业人员的实时互动。基于物联网的电力现场作业示意如图 3-2 所示。

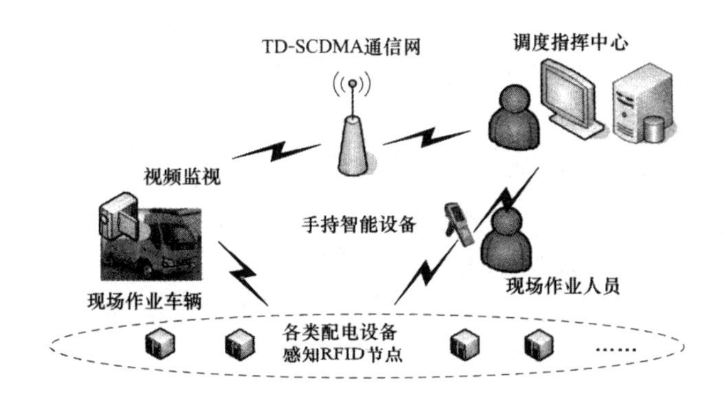

图 3-2　基于物联网的电力现场作业示意

2. 智能巡检

随着配电网规模的扩大，配用电设备数量迅速增多，运行情况更加复杂，带来了大量的巡检工作，仅依靠人力或离线电子设备进行巡检，很难保证电网的安全。利用物联网技术可以很容易地实现智能巡检，确定巡检人员的位置，监控设备运行环境、掌握运行状态信息，进行辅助状态检修和标准化作业指导等。

（六）物联网技术在用电环节的应用

智能用电环节作为智能电网直接面向社会、面向客户的重要环节，是社会各界体验智能电网建设成果的重要载体。随着智能电网的快速发展，将快速实现电网与用户的双向互动，提高供电可靠率与用电效率，大量分布式电源、微网、电动汽车充放电系统和大范围应用储能设备接入电网，这些都需要物联网技术的支撑。物联网技术在智能用电环节拥有广泛应用空间，例如，智能表计及高级量测、智能插座、智能用电交互与智能用电服务；电动汽车及其充电站的管理；绿色数据中心与智能机房；能效监测与管理和电力需求侧管理等。

三、面向智能电网应用的物联网基础设备

（一）电力智能感知装备

提高面向智能电网的物联网信息感知能力，需要信息采集装备的智能化，这将推动智能感知装备制造技术的发展，研制并推出具有更多种类、更高级、可靠、灵活的智能感知装备。

（二）信息通信网络

信息通信网络是智能电网和物联网的重要支持系统，同时也是贯穿智能电网发电、输电、变电、配电、用电等环节的基础平台。

物联网要优化信息通信网络架构，要有完善健全的骨干传输网、配电和用电通信网、通信支撑网、信息化基础设施、信息安全与运维、信息系统与高级应用等方面的关键设备。物联网要使用不同电压等级电力特种光缆及其配套通信设备，具有大容量、高速实时、超长站距的业务感知能力，实现智能电网各类智能应用在可信赖环境中安全运行，实现智能电网信息高度共享和业务深度互动，实现智能电网的智能决策。

第四章　智能电网与清洁能源发电

清洁能源是指对环境不产生污染或污染较小的能源，也被称为绿色能源。随着地球上化石能源的日益枯竭，以及常规能源带来的环境污染、影响健康、经济损失等问题，使得人们对清洁能源的开发利用尤为重视。以风能、太阳能、潮汐能、地热能、生物质能等为代表的清洁能源，不仅具有储量丰富、污染小的优点，而且可以循环利用，既是目前能源需求的重要补充，又是未来能源结构的基石，对能源的可持续发展起着重要的作用。

第一节　风力发电及入网控制技术

风能是地球表面大量空气流动所产生的动能。作为一种清洁、无污染、可再生的绿色能源，风能在地球上的储量十分丰富，有着大规模开发利用的前景，在面临能源危机的今天，无疑是一种极具竞争力的绿色能源。

19 世纪末，丹麦人研制出世界上第一台风力发电机组，并建成了世界上第一座风力发电站。但由于技术和经济等方面的原因，风力发电的发展十分缓慢。直到 1973 年世界石油危机爆发后，美国、西欧等发达国家和地区为寻求替代化石燃料的能源，投入大量经费，研制现代风力发电机组。

20世纪90年代中期，带变桨距控制、变速和齿轮箱的三叶风力机组设计成为主流。近年来，随着风电技术的日趋成熟，单机容量不断增大，并网性能不断改善，发电效率不断提高，风力发电成为电能供应中不可或缺的一部分。

一、现代风力发电设备

风力发电是利用风能来发电，而风力发电机组是将风能转化为电能的设备。风力发电的原理是利用风能带动风车叶片旋转，将风能转化为机械能，再通过变速齿轮箱增速驱动发电机，将机械能转化成电能。

从能量转换的角度来看，风力发电机组主要包含两大部分：一部分是风力机，将风能转换为机械能；另一部分是发电机，将机械能转换为电能。风力发电机组可以根据风力机和发电机的不同而有着多种分类方式。

风力发电机组根据风力机类型不同可以分为：根据风力机旋转主轴的方向（即主轴与地面相对位置）分类，可分为水平轴式风力机和垂直轴式风力机；按桨叶接受风能的功率调节方式，可分为定桨距机组和变桨距机组；按叶轮转速是否恒定可分为恒速型机组和变速型机组；按功率传递的机械连接方式不同，可分为有齿轮箱风力机和无齿轮箱风力机。

根据发电机类型不同，风力发电机组可以分为异步发电机型和同步发电机型两大类，其中异步发电机按其转子结构不同又可分为笼型和双馈异步发电机；同步发电机按其产生旋转磁场的磁极类型又可分为电励磁同步发电机和永磁同步发电机两类。

现代风力发电机组多为水平轴式。由于水平轴式风力发电机组启动容易、效率高，是目前应用最广泛、技术最成熟的一种形式。一部典型的现代水平轴式风力发电机组主要由叶轮、发电机、齿轮箱、塔架、偏航系统、刹车系统和控制系统等组成，如图 4-1 所示。

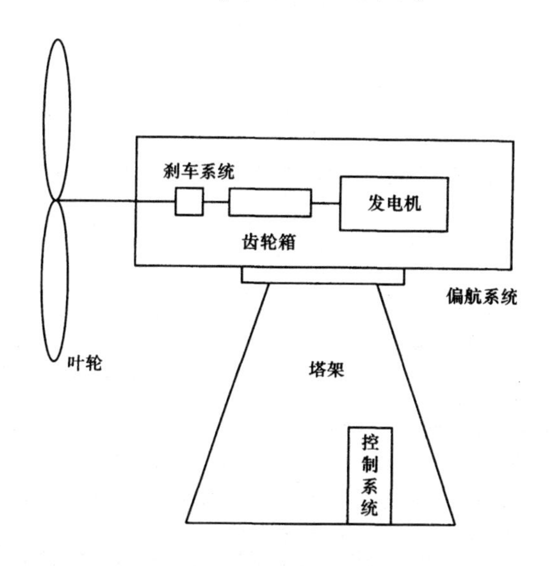

图 4-1　现代水平轴式风力发电机组的主要结构

齿轮箱可以将很低的风轮转速（600kW 的风机通常为 27r/min）变为很高的发电机转速（通常为 1500r/min），同时也使发电机易于控制，实现稳定的频率和电压输出。偏航系统可以使风轮扫掠面积总是垂直于主风向。通常 600kW 的风机机舱总质量约 20 吨，使这样一个系统随时对准主风向有相当的技术难度。

风机是有许多转动部件的。机舱在水平面旋转，随时跟风。风轮沿水平轴旋转，以便产生动力。在变桨距风机中，组成风轮的叶片要围绕根部的中心轴旋转，以便适应不同的风况。在停机时，叶片尖部要甩出，以便形成阻尼。液压系统就是用于调节叶片桨距、阻尼、停机、刹车等状态的。

现代风力发电机是无人值守的，因此控制系统就成为现代风力发电机的神经中枢。就 600kW 风机而言，一般在 4m/s 左右的风速自动启动，在 14m/s 左右发出额定功率。随着风速的增加，一直控制在额定功率附近发电，直到风速达到 25m/s 时自动停机。风机的控制系统要根据风速、风向对系统加以控制，在稳定的电压和频率下运行，自动地并网和脱网，并监视齿轮箱、发电机的运行温度以及液压系统的油压，对出现的任何异常进行报警，必要时自动停机。

二、风力发电控制技术

由于自然风的风速和方向随机变化，风力发电机组必须能够自动控制切入电网和切出电网、输入功率的限制、风轮的主动对风以及对运动过程中故障的检测和保护。风力发电系统的控制技术从定桨距恒速运行至基于变桨距技术的变速运行，已经基本实现了风力发电机组从能够向电网提供电力到理想地向电网提供电力的最终目标。

风力发电控制技术主要有定桨距失速风力发电技术、变桨距风力发电技术、主动失速/混合失速风力发电技术、变速风力发电技术等。

三、风力发电机组并网技术

交流发电机并网的条件是发电机输出的电压与电网电压在幅值、频率以及相位上完全相同。随着风力发电机组单机容量的增大，在并网时对电网的冲击也越大。这种冲击严重时不仅会引起电力系统电压的大幅度下降，还可能对发电机和机械部件造成损坏。如果并网冲击时间持续过长，还可能使系统瓦解或威胁其他挂网机组的正常运行。因此，采用合理的并网技术是一个至关重要的问题。

（一）基于普通异步发电机的恒速风电机组并网控制

异步发电机又称感应发电机，当交流发电机的电枢磁场旋转速度落后于主磁场的旋转速度时，这种交流发电机称为异步交流发电机。该类型风电机组采用普通异步发电机、三叶片风轮，风电机组低速轴与发电机高速轴之间有齿轮箱，发电机机端有时还装有并联电容器等无功补偿装置，其结构如图 4-2 所示。

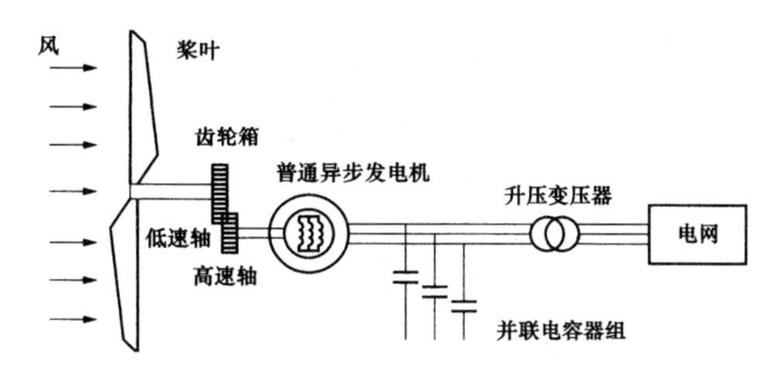

图 4-2　普通异步发电机的恒速风电机组结构示意

异步发电机投入运行时，需要靠转差率来调整负荷，因此对机组的调速精确度要求不高，只要接近同步转速就可并网。显然，风力发电机组配用异步发电机不仅控制装置简单，而且并网后不会产生振荡和失步，运行非常稳定。然而，异步发电机并网也存在一些特殊问题，如直接并网时产生的冲击电流过大造成电压大幅度下降，对系统安全运行构成威胁；本身不发无功功率，需要无功补偿等。所以运行时必须采取相应的有效措施才能保障风力发电机组的安全运行。目前国内外采用的异步发电机并网方式主要有直接并网、准同期并网、降压并网、软并网等。

（二）基于双馈感应发电机的变速风电机组并网控制

双馈感应发电机的定子绕组由具有固定频率的对称三相电源鼓励，转子绕组由具有可调节频率的三相电源鼓励，由于其定子、转子都能向电网馈电，因此得名“双馈”。该机组的结构如图 4-3 所示。

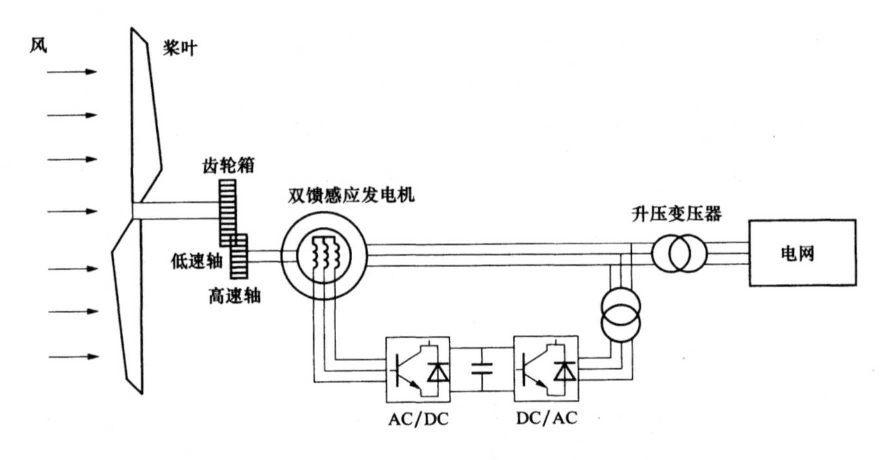

图 4-3 双馈感应发电机的变速风电机组结构示意

双馈异步发电机的转子通过变频器与电网的连接，能够实现功率的双向流动。当风力机变速运行时，发电机也变速运行。因此，为了实现发电机的并网，将由双馈异步发电机和变频器组成的系统采用脉宽调制技术控制整个并网过程。采用双馈异步发电机，只需通过调整转子电流频率，就可以在风速与发电机转速变化情况下，实现恒频控制。

双馈异步发电机的并网过程是在风力机启动以后，当发电机转速接近同步转速时，通过转子回路中的变流器对转子电流的控制，实现电压匹配、同步和相位的控制，以便迅速地并入电网，并网时基本无电流冲击。

（三）基于直驱型永磁同步发电机的变速风电机组并网控制

在传统的变速恒频风力发电系统中，机械系统结构通常包含 3 个主要部分，即风力机、增速箱和发电机。当风力机转速在 20～200r/min，而传统风力发电机转速在 1000～1500r/min 时，这就意味着风力机和发电机之间必须用增速箱连接。然而，增速箱不仅增加了机组的重量，而且会产生噪声，存在需要定期维护以及增加损耗等缺点。

在新型的变速恒频风力发电系统中，采用永磁同步发电机直接连接风力机，能使风力机与发电机之间取消增速箱，成为直接驱动型，其结构如图 4-4 所示。

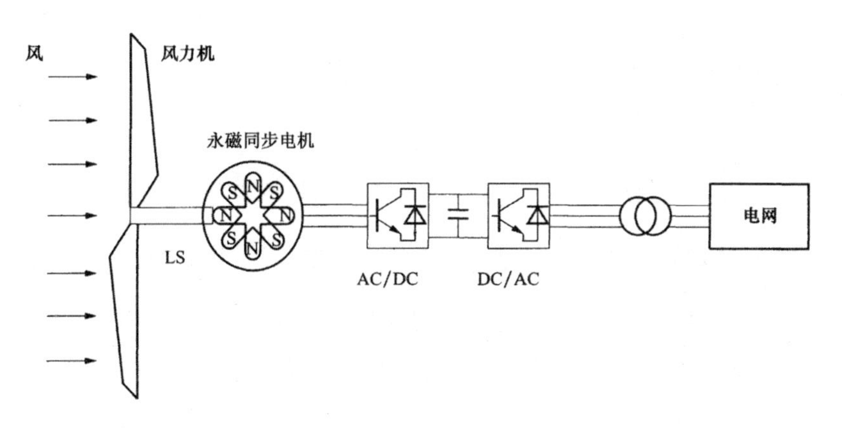

图 4-4　永磁同步发电机的变速风电机组结构示意

永磁直驱风力发电机组采用的是永磁体励磁，消除了励磁损耗，提高了效率，实现了发电机无刷化。在运行时，不需要从电网吸收无功功率来建立磁场，可以改善电网的功率因数。采用风力机对发电机直接驱动的方式，取消了齿轮箱，提高了风力发电机组的效率和可靠性，降低了设备的维护量，减少了噪声污染。风能变化时，机组可通过恒频控制优化系统的输出功率，电网侧变频器可调节功率因数，并在一定范围内改善输出电压。

永磁直驱风力发电机组的风力机不经齿轮箱，直接与发电机相连，即运行时风机转速等于发电机转速。在低于额定风速时，风轮转速随风速变化而变化，最大限度地捕获风能，提高发电效率；在等于或高于额定风速时，由于发电机和变频器容量的限制，必须要控制桨距角以限制捕获的风能，使机组的输出功率在额定值附近运行。

四、大规模风电并网面临的主要问题

实际运行经验表明，大规模风电并网给电网带来了一些技术和理论方面的难题，这已成为制约风电开发规模的主要因素。

（一）稳定性问题

由于受到风资源的影响，风电场输出功率会随机变化，因此，大规模风电并网会引发系统稳定性问题。由于异步风电机组在启动及运行过程中需吸收大量无功功率，从而导致风电接入电网公共连接点（PCC）的电压波动，容易引起电网薄弱地区的电压稳定性问题；而在有功功率备用不足的孤立电网中，风电比例过高将会导致系统调频困难，频率稳定问题突出。

（二）电压稳定性问题

风电并网引起的电压稳定问题，主要包括静态电压稳定问题和动态电压稳定问题。静态电压稳定问题是指电力系统在受到小扰动后，系统电压保持在允许的范围内，不发生电压崩溃的能力。

（三）频率稳定性问题

风电并网的频率稳定性问题主要表现在两个方面：一是有功波动带来的频率变动；二是风电改变系统的惯性时间常数，导致频率波动速度的增加。受风速波动的影响，风电机组有功输出也时刻发生变化，在备用容量不足的孤立电网中，频率稳定问题更加明显。

（四）低电压穿越问题

风电机组的低电压穿越（LVRT）是指风电机组在 PCC 电压跌落时保持并网状态，并向电网提供一定的无功功率以支撑电网电压，从而穿越低电压区域的能力。PCC 的电压跌落会使风电机组产生一系列过电压、过电流问题，危及风电机组的安全。为保护风电机组免遭损坏，通常在电网发生故障时风电机组自动解列，不考虑故障的持续时间及严重程度。在故障发生时，若大规模风电机组同时从系统解列，电网将失去支撑，可能导致连锁反应，严重影响电网的安全运行。在风电比例较高的地区，若风电机组不具备 LVRT 能力，电网的瞬时严重故障将导致大量风电机组自动切除，严重威胁电网安全运行。

（五）电能质量问题

风速的随机变化以及风电机组本身固有的问题均会导致 PCC 的电压波动，进而引起闪变等电能质量问题；而双馈感应发电机（DFIG）等风电机组中的换流器会产生一定的谐波污染，从而带来电压波动与闪变、谐波等电能质量问题。

第二节　太阳能发电及入网控制技术

太阳能是在太阳内部核反应过程中产生的一种能量。和其他能源相比，太阳能具有分布广泛、清洁、安全、寿命长等优点，这些特点使太阳能成为新能源发电的发展方向之一。

目前我国太阳能发电以光伏发电为主，利用光电效应或者光伏效应，通过太阳能电池直接把光能转化为电能。能产生光伏效应的材料有许多种，如单晶硅、多晶硅、非晶硅、砷化镓、硒铟铜等，它们的发电原理基本相同。

一、太阳能电池的原理与分类

太阳辐射的光子带有能量，当光子照射半导体材料时光能便转换为电能，这个现象称为“光伏效应”。光伏发电系统一般由太阳能电池板、太阳能控制器、蓄电池、逆变器等组成。发电时太阳能电池利用光伏效应将照射到太阳能电池板上的光子转换为直流电，产生的直流电供直流负荷使用或用蓄电池组进行储存。当负荷为直流时，直接供负荷使用；当负荷为交流时，利用逆变器转化为交流电输送给用户或电网。

根据所用材料的不同，太阳能电池可以分为硅太阳能电池、多元化合物薄膜太阳能电池、聚合物多层修饰电极型太阳能电池、纳米晶太阳能电池、有机太阳能电池等。其中硅太阳能电池是目前发展最成熟的，在应用中居主导地位。

二、并网发电和离网发电

按光伏发电系统的运行方式分类，主要可以分为离网发电和并网发电两大类。

（一）离网型光伏发电系统

离网型光伏发电系统是指不与电力系统相连接，主要依靠太阳能电池供电的光伏发电系统，又称独立光伏发电系统。由于太阳能资源没有地域限制，无须开采和运输，因此离网型光伏发电系统适用于为远离电网的海岛、高原、沙漠等偏远地区提供基本用电，也可以为野外作业提供移动式便携电源。离网型光伏发电系统如图 4-5 所示。

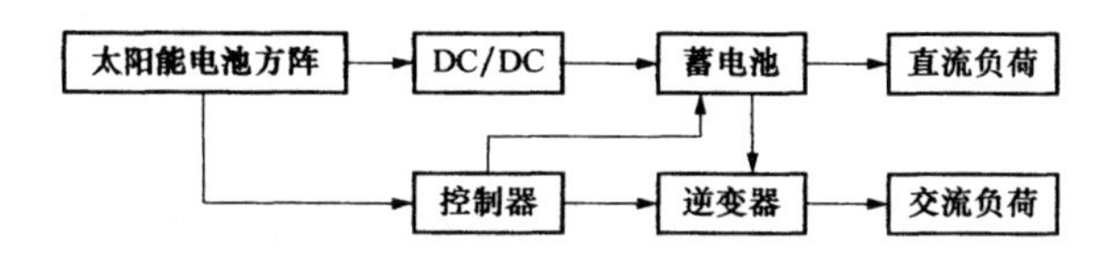

图 4-5　离网型光伏发电系统

离网型光伏发电系统由太阳能电池方阵、蓄电池、控制器、逆变器等组成。太阳能电池方阵吸收太阳光并将其转换为直流电能，当发电量大于负荷用电量时，太阳能电池在控制回路控制下为蓄电池组充电。当发电量不足时，太阳能电池与蓄电池一同向负荷供电，直流或交流负荷通过开关与控制器连接。控制器负责保护蓄电池，防止出现过充电或过放电状态。逆变器将直流电转换为交流电供给交流负荷。

如今，离网型光伏发电系统得到了广泛的应用。在道路、广场、车站、住宅小区安装了太阳能路灯、太阳能草坪灯、太阳能车位标识灯、太阳能庭院灯，造型新颖别致，且经久耐用，集实用性与观赏性于一身，既不用布设电线，又具有节能、环保、易于维护等优点，成为城市里一道美丽的风景线。

（二）并网型光伏发电系统

并网型光伏发电系统是指与电力系统相连接的光伏发电系统，该系统逐渐成为主流发展趋势。在并网型光伏发电系统中，太阳能电池所发出的直流电通过逆变器转换成交流电，并与电网并联向负荷供电，其结构如图 4-6 所示。

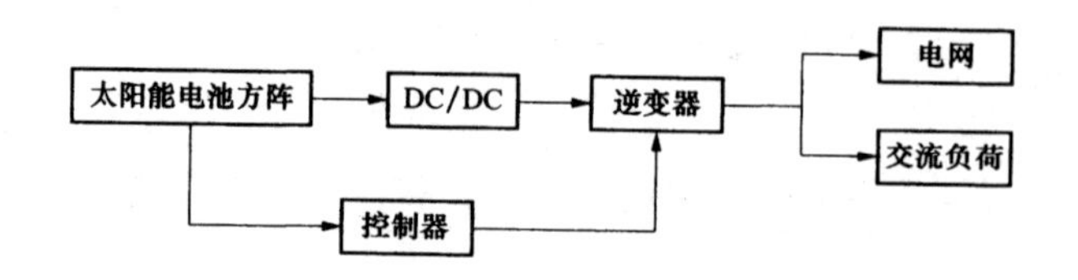

图 4-6　并网型光伏发电系统结构

并网型光伏发电系统可分为集中式并网光伏发电系统和住宅用并网光伏发电系统。

集中式并网光伏发电系统的特点是光伏发电系统所产生的电能被直接输送到电网上，由电网统一把电能分配到各个用电负荷。建设集中式并网光伏电站的投资大，建设期长，需要复杂的控制和配电设备，同时需要占用大片的土地，并且其发电成本比市电要高数倍，因此发展比较缓慢。

住宅用并网光伏发电系统，尤其是与建筑结合的住宅屋顶并网型光伏发电系统，因建设容易、投资少等优点，在各国备受青睐，随着一系列激励政策的相继出台，发展迅速，逐渐成为主流。

三、光伏发电并网控制技术

并网光伏发电系统与其他并网电源相比有很大不同。需要深入研究并网光伏系统的关键技术、不同结构对系统发电能力和电能质量的影响，通过对各系统构成设备并网性能的对比分析，研究光伏发电系统并网特点，为制订并网光伏系统的并网技术要求提供科学依据。

并网光伏发电系统中多使用自换向桥式逆变器，交流端输出以电压源方式接入电网两极式。光伏并网逆变系统结构，如图 4-7 所示，也可以是没有 DC/DC 环节只有 DC/AC 环节的单级式。加入 DC/DC 环节的优点是可以调节 DC 测得电压并单独实现最大功率点跟踪（MPPT）控制，简化了控制算法并使逆变器可以工作在更宽的电压范围；缺点是多级变换会带来更多损耗。单级式光伏并网逆变系统中只有一个能量变换环节，控制时既要考虑跟踪光伏阵列的最大功率点，也要保证对电网输出电流的幅值和正弦度。控制部分通常由电流内环和功率外环组成，内环主要采用适宜的 PWM 控制，跟踪给定的电流波形，使交流侧输出满足电能质量要求；外环实现最大功率点跟踪，控制光伏阵列的工作点始终在输出功率曲线的最高点。

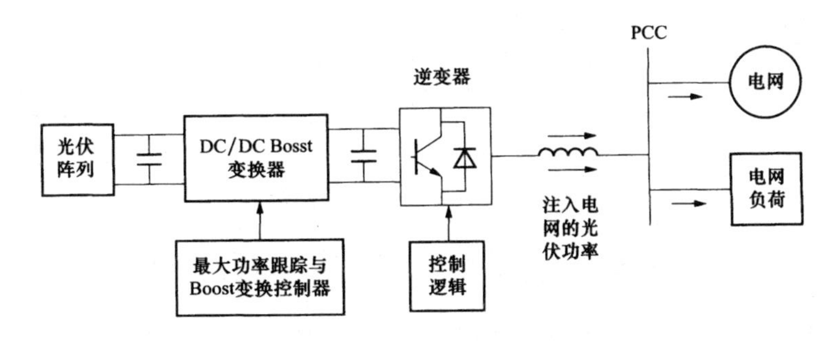

图 4-7　光伏并网逆变系统结构

逆变器交流侧通常内置工频变压器或高频变压器，起到电气隔离和调压作用。带变压器的缺点是损耗大，无变压器型逆变器克服了这一缺点，可以提高效率、降低成本。

传统的并网光伏逆变器可称为集中式逆变器，如图 4-8（a）所示，其直流侧是由多个光伏组件串并联起来形成的光伏阵列，目前单机容量可以达到几百千瓦。集中式逆变器的缺点是光伏阵列和逆变器之间需要高压直流电线，由此会增加线路损耗和安全隐患；一个集中式的 MPPT 控制会由于光伏组件之间的不匹配产生额外的能量损失，另外也不易于根据客户要求进行扩充等改变。

新一代的光伏逆变器设计针对光伏发电的特点引入了模块化系统技术，由此发展出了组件逆变器和组串逆变器，如图 4-8（b）、（c）所示。

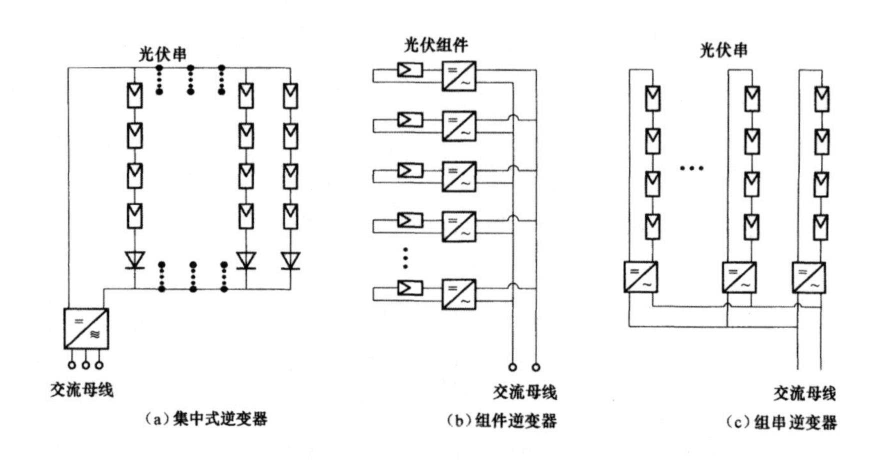

图 4-8　3 种类型的光伏逆变器

组件逆变器直接与单个光伏组件相连，使直流引线缩短，也解决了多组件组合产生的不匹配问题。组件逆变器的容量一般只有 0.1～0.2kW，效率较低，一旦损坏，更换比较麻烦，另外，价格也比较昂贵。组串逆变器也叫分布式逆变器、支路式逆变器，其直流侧连接一个光伏组件串，容量一般在几千瓦。组串逆变器是集中式逆变器与组件逆变器的概念相结合的产物，体积小，可就近安装在光伏电池阵列的支架上，就近与一串光伏组件连接，缩短了直流侧接线。大中型并网发电站目前多采用集中式逆变器。一般用户的容量小，场地分散，多采用组串逆变器。

多串逆变器是对组串逆变器的进一步发展，其输入是多个光伏组件串，各自有其独立的 DC/DC 转换器和 MPPT 控制器，再由一个逆变电路转换成交流输出。这样每个串可以单独控制达到最大功率点，使得逆变器也工作在最大效率的范围内。

四、最大功率点跟踪控制的方案

太阳能电池是非线性电源，输出电能受环境温度和光照强度的影响，在不同的光照强度和环境温度下，光伏电池可以工作在不同的工作电压下，但是只有在某一特定工作电压下，光伏电池输出功率才会达到最大值。为了让太阳能电池在任何温度和光照强度下始终工作在最大功率点，尽可能多地输出电能，必须对太阳能电池进行“最大功率点跟踪（MPPT）”。

最大功率点跟踪（MPPT）技术是光伏发电系统提高效率、降低成本的关键技术，也是光伏系统不同于其他发电系统的特点之一。当日照强度和环境温度变化时，其输出最大功率点（MPP）也随之改变。使光伏电池的负荷功率随时跟踪最大功率点才能充分利用光伏电池的容量，提高整个系统的发电效率。MPP 并不是一个可以预知的值，需要通过一定的算法来定位，称为最大功率点跟踪（MPPT）。一般实现 MPPT 的控制环节也集成在逆变器中。

由电路原理可知，对于一个线性电路，当负荷电阻和电源内阻相等时，电源的输出功率最大。对于一些内阻不变的供电系统，可以采用这种外阻等于内阻的方法获得最大输出功率，但太阳能光伏发电系统中，太阳能电池的内阻不仅受日照强度的影响，还受环境温度和负荷的影响，因此处在时刻变化的过程中，无法采用上述方法控制最大输出功率。目前所采用的方法是在太阳能电池方阵和负荷之间增加一个 DC/DC 变换器，通过改变 DC/DC 变换器中功率开关的导通率，来控制太阳能电池方阵的最大功率点，从而获得最大输出功率，如图 4-9 所示。

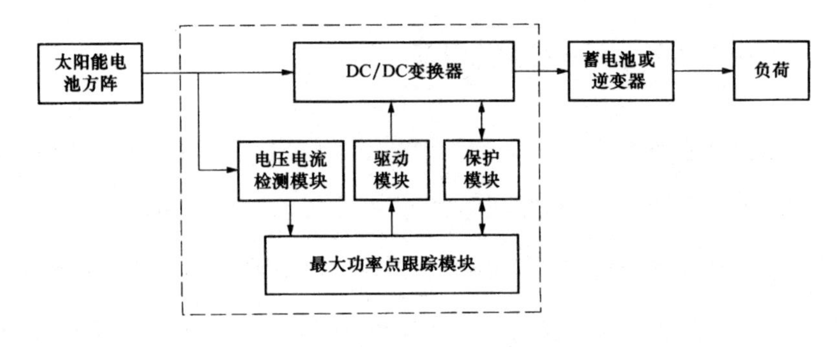

图 4-9　光伏发电系统最大跟踪方式示意

目前商用光伏逆变器普遍使用的 MPPT 算法是扰动观察法，其基本原理是在每个时间周期主动增加或减小电压，观测这一扰动带来的功率变化，如果功率增加，说明与 MPP 的距离在缩短，下个周期保持该扰动方向，否则反之。扰动观察法的优点是操作简单且容易实现；缺点是不断扰动导致运行点在 MPP 附近振荡，降低了 MPPT 的效率。尤其当光照变化剧烈时，可能导致判断错误；而光照较弱时，功率——电压特性曲线较平缓，也难以准确定位在 MPP。

其他常见的 MPPT 算法还有恒定电压法、参考电池法、电导增量法、最优梯度法等。

第三节　其他清洁能源发电

一、潮汐发电

由于太阳和月球对地球各处引力的不同所引起的海水周期性的涨落现象，就叫作海洋潮汐，习惯称其为潮汐。由于引潮力的作用，使海水不断地涨潮、落潮。涨潮时，大量海水汹涌而来，具有很大的动能，同时，水位逐渐升高，动能转化为势能；落潮时，海水奔腾而归，水位陆续下降，势能又转化为动能。因海水涨落及潮水流动所产生的动能和势能统称为潮汐能。

（一）潮汐发电的原理

利用潮汐发电必须具备两个条件。首先，潮汐的幅度要大，至少要有几米；第二海岸地形必须能储蓄大量海水，并可进行土建工程。潮汐发电与普通水力发电原理类似，通过储水库，在涨潮时将海水储存在水库内，在落潮时放出海水，利用高低潮位之间的落差，推动涡轮机旋转，带动发电机发电。涨潮时，潮位高于水库中的水位，此时打开进水闸门，海水经闸门流入水库，冲击涡轮机带动发电机发电；落潮时，海水的潮位低于水库中的水位，关闭进水闸门，打开排水闸门，水流向大海，又从相反的方向冲击涡轮机，带动发电机发电，如图 4-10 所示。潮汐发电与普通水力发电的差别在于海水与河水不同，蓄积的海水落差不大，但流量较大，并且呈间歇性，因此潮汐发电的涡轮机结构要适合低水头、大流量的特点。

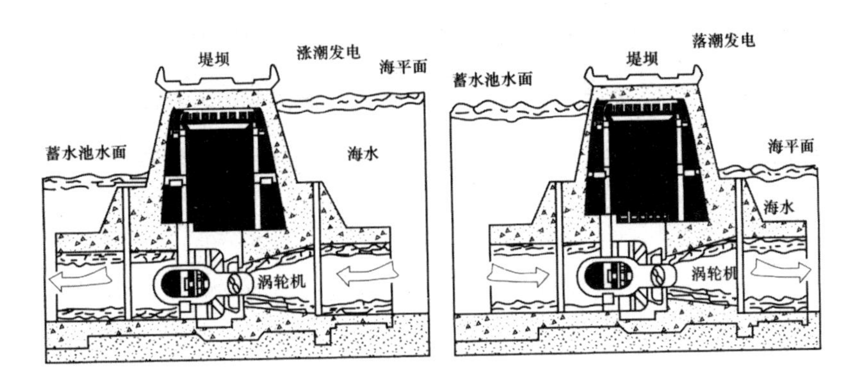

图 4-10　潮汐发电的原理

由于水库的水位和海洋的水位都是变化的，因此潮汐电站是在变工况下工作的，水轮发电机组和电站系统的设计需要考虑变工况、低水头、大流量及海水腐蚀等因素，比常规水电站要复杂得多，且效率也要低于常规水电站。

（二）潮汐电站的类型

按照对潮水方向变化的应对方式和建库结构，潮汐电站的典型布置类型主要有单库单向潮汐电站、单库双向潮汐电站和双库连续发电潮汐电站。

二、地热发电

地热能是由地壳抽取的天然热能组成的，这种能量来自地球内部的熔岩，并以热力形式存在，是引致火山爆发及地震的能量。作为来自地球深处的可再生能源，它源于地球的熔融岩浆和放射性物质的衰变。地下水的深处循环和来自极深处的岩浆侵入地壳后，把热量带至近表层。

（一）地热发电的原理及分类

地热发电是高温地热资源最主要的利用方式。地热发电和火力发电的原理是一样的，都是利用蒸汽的热能在汽轮机中转变为机械能，然后带动发电机发电。所不同的是，地热发电不像火力发电那样要备有庞大的设备，也不需要消耗燃料。

地热发电的过程，就是先把地热能转变为机械能，再把机械能转变为电能的过程。

要利用地下热能，首先需要有“载热体”把地下的热能带到地面上来。目前能够被地热电站利用的载热体，主要是地下的天然蒸汽和热水。

按照载热体类型、温度、压力和其他特性的不同，可把地热发电的方式划分为蒸汽型地热发电和热水型地热发电两大类。

1. 蒸汽型地热发电

蒸汽型地热发电是把蒸汽田中的干蒸汽直接引入汽轮发电机组发电，但在引入前应把蒸汽中的岩屑和水滴分离出去。这种发电方式最为简单，但干蒸汽地热资源十分有限，且多存于较深的地层，开采难度大，故发展受到限制。主要有背压式和凝汽式两种类型。

2. 热水型地热发电

热水型地热发电是地热发电的主要方式，适用于分布最为广泛的中低温地热资源。热水型地热发电需要通过一定的手段，把热水变成蒸汽或者利用其热量产生其他蒸汽，才能用于发电。目前热水型地热发电有两种系统，即闪蒸地热发电系统和双循环地热发电系统。

（1）闪蒸地热发电系统

闪蒸法也被称为“减压扩容法”，就是把低温地热水引入密封容器中，通过降低容器内的气压，使地热水在较低的温度下沸腾产生蒸汽，体积膨胀的蒸汽做功，推动汽轮发电机组发电。

闪蒸地热发电系统的工作原理为将地热井口来的地热水，先送到闪蒸器中进行降压闪蒸使其产生部分蒸汽，再引到常规汽轮机做功发电。汽轮机排出的蒸汽在混合式凝汽器内冷凝成水后送往冷却塔，分离器中剩下的含盐水打入地下或作其他用途，如图 4-11 所示。

为了提高地热能的利用率，还可以采用两级或多级闪蒸系统。第一级闪蒸器中未汽化的热水，进入压力更低的第二级闪蒸器，又产生蒸汽送入汽轮机做功。与单级闪蒸发电系统相比，发电量可提高 15%~20%。

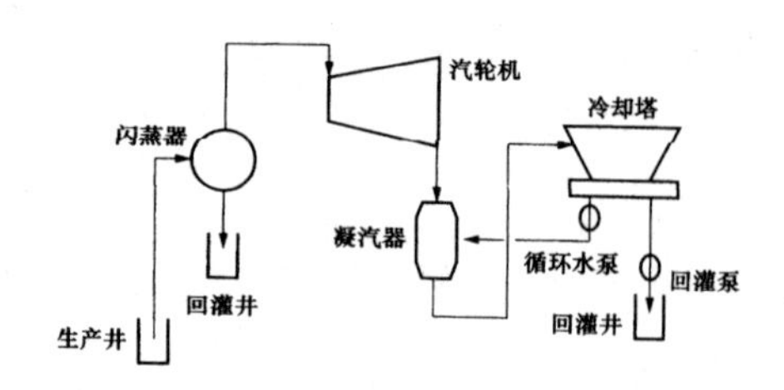

图 4-11　闪蒸地热发电系统示意

采用闪蒸法的地热电站，设备简单，易于制造，可以采用混合式热交换器；缺点是设备尺寸大，容易腐蚀结垢，热效率较低。由于直接以地下热水蒸气为工质，因而对于地下热水的温度、矿化度以及不凝气体含量等有较高的要求。

（2）双循环地热发电系统

双循环地热发电也被称为“低沸点工质地热发电”或“中间介质法地热发电”。其工作原理如图 4-12 所示。

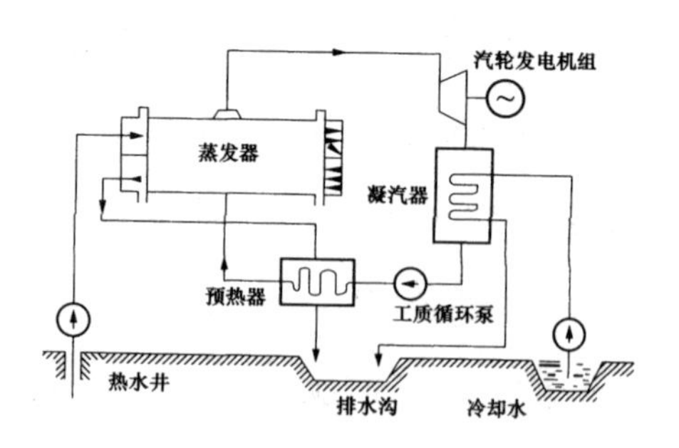

图 4-12　双循环地热发电工作原理

通过热交换器利用地下热水来加热某种低沸点的工质，使之变为蒸汽，然后去推动汽轮机，并带动发电机发电。因此，在这种发电系统中，采用两种流体：一种是地热流体，它在蒸汽发生器中被冷却后排入环境或打入地下；另一种是低沸点工质流体，这种工质由于吸收了地热水放出的热量而汽化，产生的低沸点工质蒸汽送入汽轮机发电机组发电。做完功后的蒸汽，由汽轮机排出，并在冷凝器中冷凝成液体，经循环泵打回蒸汽发生器再循环工作。

这种发电方法的优点是利用低温位热能的热效率较高，设备紧凑，汽轮机的尺寸小，易于适应化学成分比较复杂的地下热水。

这种发电方法的缺点是不像扩容法方便地使用混合式蒸发器和冷凝器；大部分低沸点工质传热性都比水差，采用此方式需有相当大的金属换热面积；低沸点工质价格较高，来源有限，有些低沸点工质还有易燃、易爆、有毒、不稳定、对金属有腐蚀等特性。

（二）地热发电的技术难题

目前，有3个重大技术难题阻碍了地热发电的发展，即地热田的回灌、腐蚀和结垢。

三、生物质能发电

生物质能是指太阳能以化学能形式储存在生物质中的能量形式，它以生物质为载体，直接或间接地来源于植物的光合作用。生物质能是唯一的可再生碳源，是绿色植物将太阳能转化为化学能而储存在生物质内部的能量。

生物质能是人类赖以生存的重要能源，它是仅次于煤炭、石油和天然气之后的第4大能源，在整个能源系统中占有举足轻重的地位，未来生物质能更会成为支柱能源之一。

（一）直接燃烧发电

生物质直接燃烧发电，就是将经过处理的生物质直接作为燃料，用生物质燃烧所释放的热能产生蒸汽，再利用蒸汽推动汽轮机发电。

生物质直接燃烧发电是一种最简单也是最直接的方法，但由于生物质的质地松散、能量密度较低，在燃烧效率和发热量等方面都不如化石燃料，而且原料需要特殊处理，设备投资较高，效率较低。为了提高热效率，可以考虑采用各种回热、再热措施和联合循环方式。

我国农作物秸秆每年的技术可开发量约为6亿吨，除去部分用于生活用能以及用于造纸、饲料、造肥还田，每年废弃的农作物秸秆约有1亿吨，折合标准煤5000万吨。如将这些秸秆用于发电，可建500个25MW的小型水电站，相当于一个三峡电站的发电量，每年可节省4350万吨标准煤和减排9000万吨二氧化碳。

（二）沼气发电

沼气发电是以沼气作为往复式发动机和汽轮机的主要燃料来源，以发动机的动力来驱动发电机发电的过程，是一种有效利用沼气能量的方式。

沼气的能量在沼气发电过程中经历了由化学能—热能—机械能—电能的转换过程，但由于热能无法完全转化为机械能，大部分能量随废气排出。因此，将发电机的废气回收是提高沼气能量总利用率的必要途径，废气回收的发电系统总效率可达到60%~70%。

20世纪70年代初期，国外为了合理、高效地利用在治理有机废弃污染物中产生的沼气，普遍使用往复式沼气发电机组进行沼气发电，大多采用电火花点火式气体燃料发动机。

（三）垃圾发电

垃圾发电是把各种垃圾收集后，进行分类处理。通常有两种处理方式：一是对燃烧值较高的进行高温焚烧，将产生的热能转化为高温蒸气，推动涡轮机转动，使发电机产生电能；二是对不能燃烧的有机物进行发酵、厌氧处理，最后干燥脱硫，产生沼气，再将沼气燃烧，产生的热量用于发电。这种方式从原理上看似容易，但实际的生产流程却并不简单。首先要对垃圾进行品质控制，这是垃圾焚烧的关键。一般都要经过较为严格的分选，凡有毒有害垃圾、无机的建筑垃圾和工业垃圾都不能进入。符合要求的垃圾卸入巨大的封闭式垃圾储存池，垃圾储存池内始终保持负压，巨大的风机将池中的“臭气”抽出，送入焚烧炉内。然后将垃圾送入焚烧炉进行有效燃烧。

焚烧垃圾需要利用特殊的垃圾焚烧设备，有垃圾层燃焚烧系统、流化床式焚烧系统、旋转筒式焚烧炉和熔融焚烧炉等。

垃圾焚烧发电，既可以有效解决垃污染问题，又可以实现能源再生，作为处理垃圾快捷有效的技术方法，近年来在国内外得到了广泛应用。

（四）生物质燃气发电

生物质燃气发电，就是将生物质先转换为可燃气体，再利用可燃气体燃烧所释放的热量发电。生物质燃气发电的关键设备是气化炉，一旦产生了生物质燃气，后续的发电过程与常规的火力发电以及沼气发电就没有本质区别了。

生物质燃气发电机组主要有内燃机/发电机机组、汽轮机/发电机机组、燃气轮机/发电机机组 3 种类型。这 3 种方式可以联合使用，汽轮机和燃气轮机与发电机机组联合运行的前景广阔，尤其适用于大规模生产。

参考文献

[1] 刘明,马晓久,王海静. 智能电网工程应用与发展[M]. 北京:中国水利水电出版社,2011.

[2] 中国电器工业协会设备网现场总线分会,国家能源智能电网用户端电气设备研发(实验)中心. 智能电网用户端系统解决方案汇编[M]. 北京:机械工业出版社,2012.

[3] 高翔. 电网动态监控系统应用技术[M]. 北京:中国电力出版社,2011.

[4] 刘振亚. 智能电网知识读本[M]. 北京:中国电力出版社,2010.

[5] 刘振亚. 智能电网技术[M]. 北京:中国电力出版社,2010.

[6] 刘振亚. 智能电网知识问答[M]. 北京:中国电力出版社,2010.

[7] 杨晓萍. 高压直流输电与柔性交流输电[M]. 北京:中国电力出版社,2010.

[8] 吴双群,赵丹平. 风力发电原理[M]. 北京:北京大学出版社,2011.

[9] 任清晨. 风力发电机组工作原理和技术基础[M]. 北京:机械工业出版社,2010.

[10] 叶杭冶. 风力发电系统的设计、运行与维护[M]. 北京:电子工业出版社,2010.

[11] 王长贵,王斯成. 太阳能光伏发电实用技术[M]. 2 版. 北京:化学工业出版社,2009.

[12] 黄汉云. 太阳能光伏发电应用原理[M]. 北京:化学工业出版社,2009.

[13] 崔容强,赵春江,吴达成. 并网型太阳能光伏发电系统[M]. 北京:化学工业出版社,2007.

[14] 朱永强. 新能源与分布式发电技术[M]. 北京:北京大学出版社,2010.

[15] 孙云莲. 新能源及分布式发电技术[M]. 北京:中国电力出版社,2009.

[16] 于国强. 新能源发电技术[M]. 北京:中国电力出版社,2009.

[17] 田宜水. 生物质发电[M]. 北京:化学工业出版社,2010.

[18] 杨正洪,周发武. 云计算和物联网[M]. 北京:清华大学出版社,2011.

[19] 秦立军,马其燕. 智能配电网及其关键技术[M]. 北京:中国电力出版社,2010.

[20] 覃剑. 智能变电站技术与实践[M]. 北京:中国电力出版社,2012.